ひろちか先生に学ぶ

こよみの学校 Ⅳ

まえがき

本書は新日本カレンダーのホームページ「暦生活」で連載中のコラム「ひろちか先生に学ぶ　こよみの学校」の第四弾となります。二〇一九年三月から二〇二一年八月まで、二年あまりのあいだに書いた四九話が載録されています。期間的にはちょうど令和改元から一年遅れの東京オリンピックにかけての時期に相当します。はからずも「こよみの学校Ⅲ」であつかった紀年法の問題を継承するとともに、古代ギリシャのオリンピック紀元の話題で締めくくることになりました。

章立ての構成は次のとおりです。

第1章　わが国の紀年法とこよみ
第2章　ユニークなカレンダー
第3章　機関のつくるカレンダー
第4章　干支、吉凶、暦注
第5章　祝日、記念日、節目の日
第6章　異形のこよみ、美形のこよみ

これまでの三冊とくらべてひとつの特色となっているのは、博物館や美術館が発行するミュージアム・カレンダーや、暦注の十二直を錦絵でしゃれて表現する作品など、アートと関連する暦文化のありようです。アール・ヌーヴォーの旗手の一人であったミュシャのカレンダーもその陣容に加わりました。もうひとつの特徴は、日本文化としてのカレンダーが海外―旧植民地や日本人移住地―に伝播し、それなりの変容をとげたことに注目したことです。また、その脈絡の延長で、外務省や国際交流基金、国際協力機構が、外国という異文化を相手にどのような文化戦略を立てているかをカレンダーから探ったことでしょうか。

「こよみの学校」のコラム連載は、基本的に月二回のペースで八年を越えました。回を重ねるごとに、新しい発見や予期しない展開が待ち受けていました。目下、一〇年を目標に走り続けています。マラソンとちがってゴールのない独走ではありますが、さいわい伴走者にも恵まれ、沿道からはときどきうれしい声援をもらうこともあります。

四冊目を上梓し、経過報告とさせていただきます。

二〇二一年（令和三年）九月

中牧弘允

もくじ

まえがき　2

第1章　わが国の紀年法とこよみ

第1話　吹田出土の墨書土器ー「大宝」の小皿／10
第2話　年号のある紀年銘民具／14
第3話　辛酉革命と甲子革令ー道真追放のたくらみも／18
第4話　平成から令和へー汽水のような一ヵ月／22
第5話　平成から令和へー正月のような一〇日間／26
第6話　一九六三年のカレンダーー室津民俗館の展示から／30
第7話　一九七〇年のこんにちはー西暦優位へ／34
第8話　立教紀元と創業紀元ー天理教と松下電器／38

第2章　ユニークなカレンダー

第9話　檀紀と主体年号ー朝鮮半島の紀年法／44
第10話　台湾の暦ー台湾民暦と農民暦／48

第11話　インドネシアの皇紀―独立宣言文の日付にも／53
第12話　二〇一〇年の上海万博カレンダー―意識改革のおふれ／58
第13話　上海万博の中国館をかざった暦―清明上河図と現代カレンダー／62
第14話　ビジネス界の日中友好カレンダー／66
第15話　ブラジル移民史と聖句対応のカレンダー／71
第16話　南米の真宗カレンダー　東・西の宗派を超えて／75
第17話　アメリカスの新宗教カレンダー　生長の家、ＰＬ教団、天理教／79
第18話　オリンピア紀元―古代ギリシャの紀年法／84
第19話　メトン周期―古代ギリシャの置閏法／88
第３章　機関のつくるカレンダー
第20話　ミュージアム・カレンダー①　日本科学未来館／94
第21話　ミュージアム・カレンダー②　奈良国立博物館／99
第22話　ミュージアム・カレンダー③　国立民族学博物館／102
第23話　ミュージアム・カレンダー④　京都国立博物館／106
第24話　ミュージアム・カレンダー⑤　早稲田大学／110
第25話　ミュージアム・カレンダー⑥　デトロイト美術館／114

第26話　外務省カレンダー――「大使」と「平和」と「勲章」と／118
第27話　国際交流基金のカレンダー――日中友好と日伯友好／122
第28話　国際協力機構のカレンダー――援助からカイゼンまで／126

第４章　干支、吉凶、暦注

第29話　十二支の子《ね》―終始と太極の象徴／132
第30話　十干の庚《かのえ》―庚申講と三伏／136
第31話　天赦日と一粒万倍日―最高の吉日／140
第32話　十方暮と不成就日―最悪の凶日／144
第33話　月切りと節切り―暦月と節月／148
第34話　年占の民俗―もう一つの一年の計／152
第35話　十二直①―開（睦月）、納（如月）、平（弥生）／156
第36話　十二直②―成（卯月）、建（皐月）、危（水無月）／162
第37話　十二直③―除（文月）、満（葉月）、閉（長月）／166
第38話　十二直④―破（神無月）、定（霜月）、取（極月）／170

第５章　祝日、記念日、節目の日

第39話　節分―一二四年ぶりに二月二日に／176
第40話　建国記念の日／180
第41話　国際婦人デー―ミモザの日／184
第42話　社日　―土地神をまつる日／188
第43話　国民の祝日がない六月―二年連続で一〇月も／192
第６章　異形のこよみ、美形のこよみ
第44話　火山と暦／196
第45話　異界の暦―浦島太郎と玉手箱／200
第46話　冥界の暦―平将門と冥宮暦／204
第47話　ミュシャの黄道十二宮／208
第48話　ミュシャの四季カレンダー／213
第49話　那智の扇神輿―暦の象徴として／217
【付】『こよみの学校』既刊書目次／221
あとがき　226

第1章　わが国の紀年法とこよみ

まず、わたし自身が改元時に急きょ企画したミニ展示を紹介しましょう。また、平成から令和への改元を現在進行形の世相としてとりあげます。他方、日本の国際化が進むなか、元号から西暦への表記上の変化にも着目します。宗教教団と企業の知られざる紀年法についても言及します。

第1話
吹田出土の墨書土器
「大宝」の小皿

わたしの勤務する吹田《すいた》市立博物館（以下、吹博）は、文化財保護課に属しています。同課は埋蔵文化財の発掘や古民家の調査なども担当しており、資料の一部は常設展示にも使用されています。

その吹田で最近、わたしの目をひきつけてやまない資料が発掘されました。それは底部外面に「大寶」（以下、大宝）と墨で書かれた土器の坏《つき》です。いわゆる墨書土器ですが、「大宝」は吉祥句で、年号とかかわりがあるのではないかと担当の学芸員はみています。

というのも、日本の公年号は「大化」（六四五年）にはじまりますが、その後は断続的に使用されるだけで、本格的には「大宝《たいほう》」をもって定着していったからです。大宝は七〇一年か

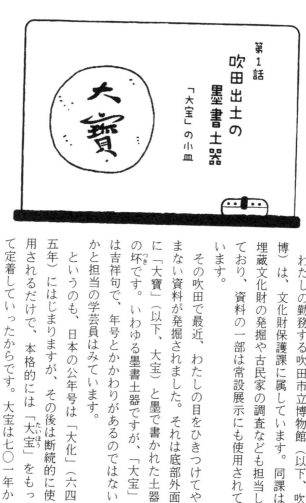

らですが、大宝律令《りつりょう》が発布されたことで知られています。その「儀制令」には、年号を用いて公文を記すよう定められています。つまり、公文書には年号を必ず記すことが法制化されたのです。

その年号は日本独自のものでした。中国の周辺諸国では中国の年号をそのまま使用することが多く、独自の年号を立てても、公年号として認められることはありませんでした。「大化」や「白雉《はくち》」「朱鳥《しゅちょう》」も例外ではなかったようです。ようやく持統天皇の代になり、日本と唐の関係が改善され、唐にならった律令体制がととのい、文武天皇の三年に「大宝」の改元となったのです。

「大宝」の年号は『続日本紀《しょくにほんぎ》』巻二の冒頭にでてきます。改元の理由は、対馬から金が献上されたからです（後に詐欺と判明）。そのため建元がおこなわれ、大きな宝と名づけられました。「大宝」の年号は藤原京出土の木簡《もっかん》や金石文《きんせきぶん》の墓誌銘などにもみられ、令の施行がいきわたっていたことが跡づけられています。

さて、吹田出土の「大宝」の坏は中ノ坪遺跡で発掘されました。JR岸辺駅の東側で、大阪学院大学に近いところです。ここからは、縄文土器や弥生土器の破片もみつかっています。近くの遺跡からは、須恵器《すえき》製作のために粘土をとったあとや、後世の条里制のあと

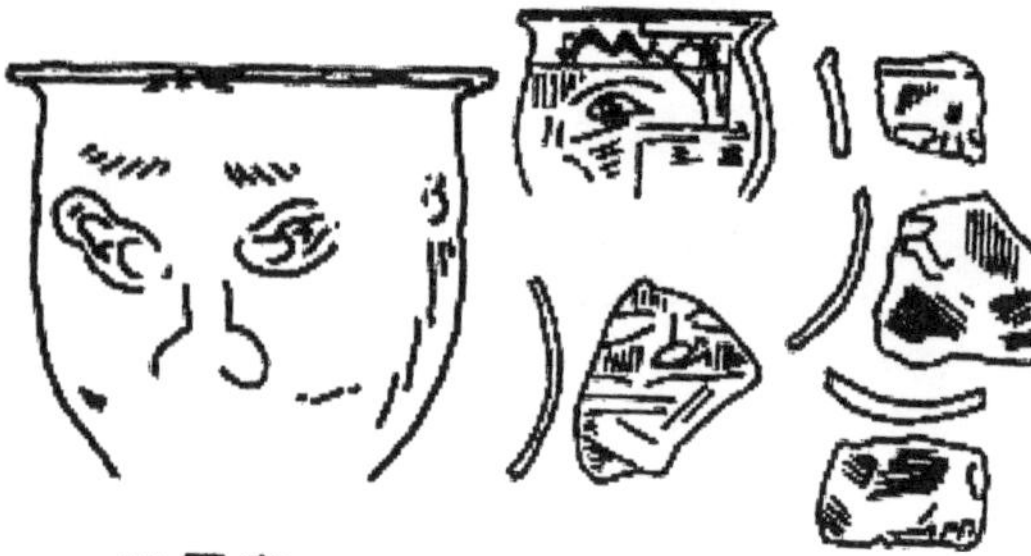

人面墨書土器

も発見されています。「大宝」の墨書土器は渡来人がもたらした須恵器ではなく、弥生土器の流れをくむ土師器《はじき》です。須恵器よりも吸水性が高い土師器のほうが墨書にはむいていて、習書用につかわれることも多いといわれています。近くの明和池遺跡からは、人面土器の壺も出土していて、興味がひかれます。

一般に墨書土器は、木簡や漆紙文書などにくらべると文字数が少なく、文章にもなっていないため、歴史や社会を知るためにはあまり重要視されてきませんでした。とはいえ、貴重な情報をもたらしてくれることもあり、年号とかかわる本資料も注目に値します。また、干支《えと》を連想させるもの、寺名や家名とおぼしきものも、吹田の他の遺跡から発掘されています。

鹿児島県における墨書土器の調査によると、吉凶の占いや埋葬などの祭祀と関連することが報告されています。一方では、陰陽道《おんようどう》などの影響を受けて招福除災のために用いられ、他方では蔵骨器とともに出土する例も多数みられます。また同報告書では、墨書土器と公的施設との関連、とくに食器管理をおこなう掘立柱の建物との強い結びつきが指摘されています。「春」や「秋」など、季節を想起させるものもあります。

墨書土器は奈良・平安時代、全国でさかんにつくられましたが、一〇世紀を越えると、姿を消していきました。衰退の理由はよくわかっていません。

【参考文献】

『中ノ坪遺跡』（大阪府文化財センター調査報告書）、二〇一七年。

坂本佳代子、岩澤和徳、松田朝由「墨書土器の性格―鹿児島県を例として」『縄文の森から』第二号、鹿児島県埋蔵文化財センター、二〇〇四年。

第2話 年号のある紀年銘民具

民具とは「日常生活の必要から製作・使用してきた伝承的な器具、造形物の総称」(『日本民俗大辞典』)です。それは衣食住や生業の用具だけでなく、こけしなどの玩具や熊手などの縁起物も含みます。しかし、民具にはふつう製作年や所有年はついていません。ところが、半職人や専門職人が民具をつくるようになり、それが市場《しじょう》に流通するようになると、職人たちの名前とともに、製作年も記されるようになりました。年号のある民具です。それを民具学では、「紀年銘民具」とよんでいます。

農具は民具に含まれますが、農民が農具をすべて自前でつくっているわけではありません。ある時点から「流通農具」に頼るようになります。千歯扱《せんばこ》きや唐箕《とうみ》はその典型です。そこには製作年や製作者名が表記されていて、特定の時代の産物であることが如実にわかります。そのため、紀年銘のある農具は、民具学の研究には大いに役立つのです。

吹田《すいた》は江戸時代、農業の先進地域でした。「流通農具」はひろくいきわたり、吹田市立博物館（吹博）にも、紀年銘の入ったさまざまな農具が所蔵されています。なかでも貴重なのは、天保一三（一八四二）年の万石通《まんごくとおし》です。この農具は玄米と籾殻《もみがら》を選別するためのものですが、吹田に隣接する茨木《いばらき》でつくられたため、「茨木とおし」とよばれるタイプでした。墨書を見ると、「茨木材木町戸　大工大和屋利兵衛」とあり、「天保十三壬寅年九月中旬　由上武右衛門」の所有になったことがわかります。「茨木とおし」で現存するものとしては、最古の資料です。

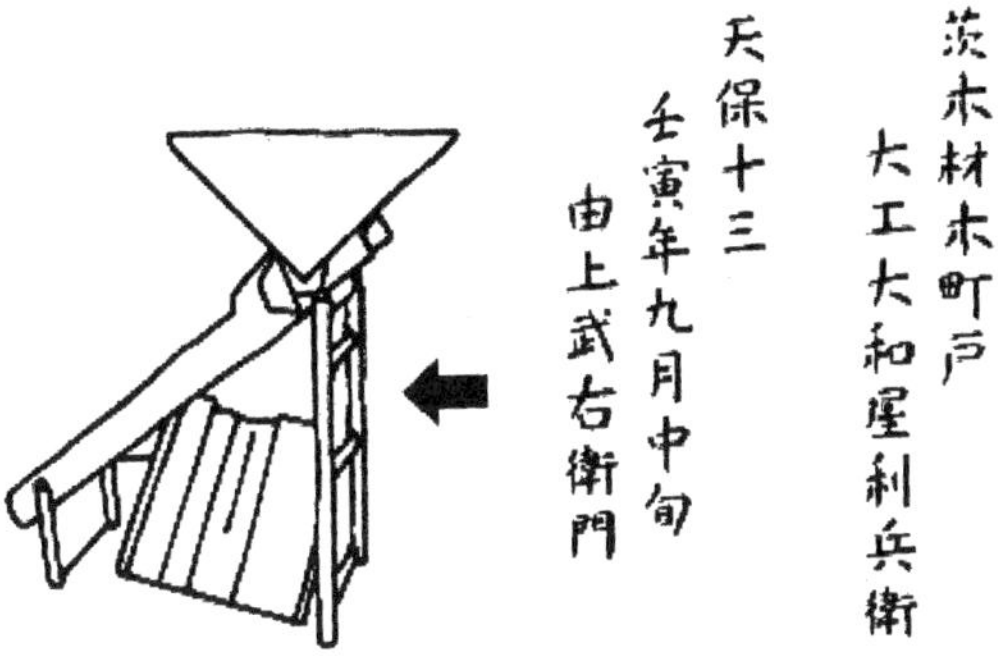

紀年銘民具は全国に分布しています。神奈川大学に所属する日本常民文化研究所では、一九七〇年代末から調査に乗り出し、全国の館蔵品を中心に目録を作成し、その分布や時代的変遷を明らかにしました。千歯扱きや唐箕に関し

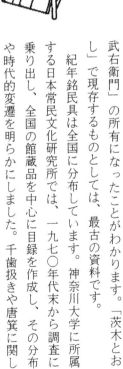

ては、西日本と東日本を問わない網羅的な情報が集積され、地域性のある輪島漆器や沖縄の厨子甕《ずしがめ》などについても研究が進展しました。また、農具商と称される農具を販売する商人についても、大阪を中心に調査が進みました。とくに農人橋に店舗を構えていた京屋（八郎兵衛、清兵衛、治兵衛など何軒もの屋号がある）については、大正年間まで存続していたことが実証されるとともに、大阪の周辺地域では、手工により唐箕や水車などの農具が、それ以降も製作されていたことが判明しました。

　吹田市立博物館も京屋の唐箕を所蔵しています。もっとも古いものは天保七（一八三六）年に製作されたもので、

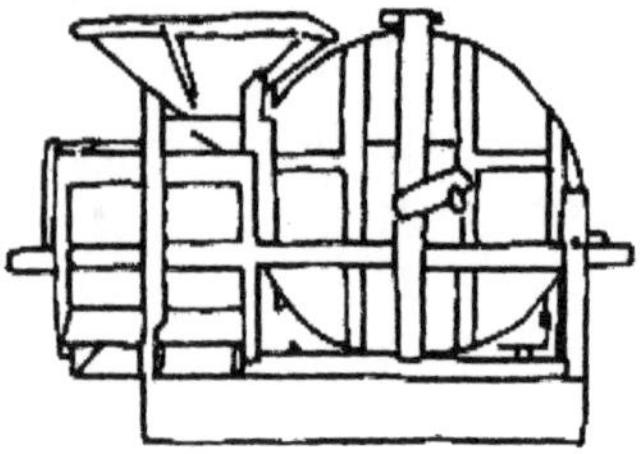

大坂細工　農人橋弐丁目　京屋治兵衛

「大坂農人橋弐丁目　細工　京屋治兵衛」と墨書に見えます。ちなみに、京屋治兵衛は農人橋二丁目に大正六（一九一七）年まで存在していたことが、紀年銘からわかっています。ところで、民具という概念は一九二〇年代後半に渋沢敬三によって提唱されました。それは「我々の同胞が日常生活の必要から技術的に作りだした身辺卑近の道具」と定義され、

渋沢の自宅を提供したアチック・ミューゼアムを拠点に、宮本常一《つねいち》をはじめとする研究者たちによって推進されました。アチック・ミューゼアムの膨大な民具コレクションは、戦後、紆余曲折を経て、国立民族学博物館（民博）の開設とともに同館に収蔵されることになりました。他方、アチック・ミューゼアムは名称を変えながら、現在の神奈川大学日本常民文化研究所につながっています。

わたしは民博で三五年間を過ごしたあと、吹博でも長年勤務しています。収集や展示を通じて民具との付き合いは長いのですが、年号と民具をむすびつけて考えることはありませんでした。令和への改元を機に、吹博ではミニ展示「『大宝』の発見―年号に問う吹田の歴史」（二〇一九年四月四日から一七日）を開催し、墨書土器や紀年銘民具が脚光を浴びることとなりました。

【参考文献】

神奈川大学日本常民文化研究所編『紀年銘（年号のある）民具・農具調査等―西日本―』（日本常民文化研究所調査報告　第八集）、一九八一年。
福田アジオ他編集『日本民俗学大辞典』下、吉川弘文館、二〇〇〇年。

第3話 辛酉革命と甲子革命

道真追放のたくらみも

日本の年号は大化にはじまり、令和を含めると二四八にのぼります。吹田市立博物館のミニ展示「『大宝』の発見─年号に問う吹田の歴史」では、年号の一覧表を作成しました。それをみると、全体としては天皇の代始改元が七〇を越えるのですが、飛鳥、奈良、平安前期には祥瑞改元が多いことに気づきます。白雉《はくち》は白い雉《キジ》、朱鳥《しゅちょう》（あかみとり）は赤い雉、霊亀・神亀・宝亀は瑞祥の亀が献上されたことにともなうものでした。大宝も、対馬から献上された（という）金に由来します。

ところが、平安後期になると災異改元が目立つようになりました。災難や異変に対して「流れ」を変える目的で改元したのです。疫病や地震、火災、旱魃《かんばつ》、大雨、大風、それに平将《たいらのまさ》

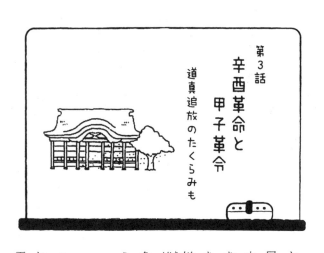

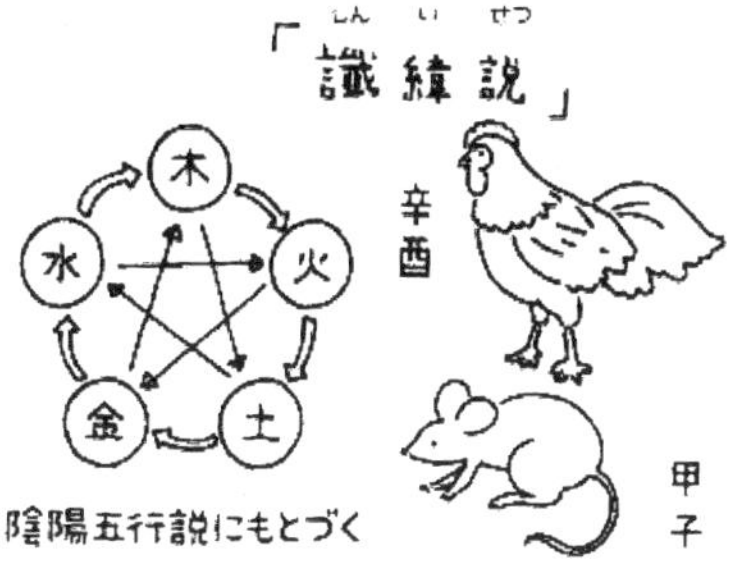

門《かど》の乱のような異変が改元の理由となりました。というのも、祥瑞（吉兆）や災異（凶兆）は治世者の人徳や政治と相関している、という観念にもとづいていたからです。いわゆる「天人《てんじん》相関説」です。

「天人相関説」に加え、「讖緯《しんい》説」も改元にかかわっていました。それは陰陽《いんよう》五《ご》行《ぎょう》説にもとづく一種の神秘的な未来予測であり、後漢の時代に盛行をきわめました。日本にもすでに奈良時代には伝えられ、陰陽道《おんようどう》に強い影響をあたえました。干支の辛酉《しんゆう》や甲子《かっし》の年には革命《かくめい》（天命が改まること）や革令《かくれい》（天命が改まること）が起きる、という説もそのひとつです。『日本書記』では、神武天皇の橿《かし》原宮《はらのみや》での即位も辛酉の年に定められました。西暦では紀元前六六〇年にあたります。これが神武天皇即位紀元＝皇紀の紀元となっているのです。

平安時代に三善清行《みよしのきよゆき》という文章博士《もんじょうはかせ》が辛酉革命説を

唱え、天皇に上奏して延喜《えんぎ》（九〇一～九二三年）の改元となりました。上奏に際しては、「革命勘文《かんもん》」とよばれる改元の案を提出し、公卿による「難陳《なんちん》」という審議にかけて、天皇に届けるという手続きをとりました。「革命」の改元は延喜にはじまり、「革令」の改元は康保《こうほう》（九六四～九六八年）からですが、それ以降、わずかの例外を除き幕末まで辛酉と甲子の年には改元がおこなわれました。それは数にして三一にのぼります。

三善清行は神武即位元年から一五六〇年目に当たる昌泰《しょうたい》四（九〇一）年、辛酉の年は「大変革命年」（『易緯』）であるとし、改元を奏上しました。そこには右大臣菅原道真《すがわらのみちざね》の失脚をもくろむ意図があったとみられています。すなわち、道真の太宰府《だざいふ》追放と表裏一体をなして辛酉革命論が展開されたというのです。

その太宰府は、「令和」の改元で盛り上がりました。というのも、新元号が『万葉集』巻五の「初春令月、気淑風和」からとられたからです。その舞台が太宰府の大伴旅人《おおとものたびと》の邸宅でした。天平二年（七三〇年）にもよおされた梅花の宴の旧跡には坂本八幡宮が建ち、急に全国に知られる観光名所となりました。

ちなみに、梅花の宴のモデルは書聖と称された王羲之《おうぎし》が蘭亭で催した曲水の宴にあり、「初春令月、気淑風和」も、漢籍の「仲春令月、時和気清」（『文選』に収められた張衡《ちょうこう》の作品）に由来していることは周知の事実です。いわば「本歌取り」にあたることは言うまでもありません。

菅原道真も大伴旅人も太宰府に派遣された高級官僚ではありますが、左遷や不遇を嘆く歌をそれぞれに残しています。梅花の歌が恨み節となっていることに複雑な思いを感じる人も多いことでしょう。その時代背景としては、天平の頃は祥瑞改元が頻繁に起こっていました。他方、延喜からは災異改元が目立ちます。祥瑞から災異に変わる転換期に辛酉革命説にもとづく延喜改元がおこなわれたのです。このことも一考に値するかもしれません。

【参考文献】

所　功『年号の歴史』雄山閣、一九八八年。

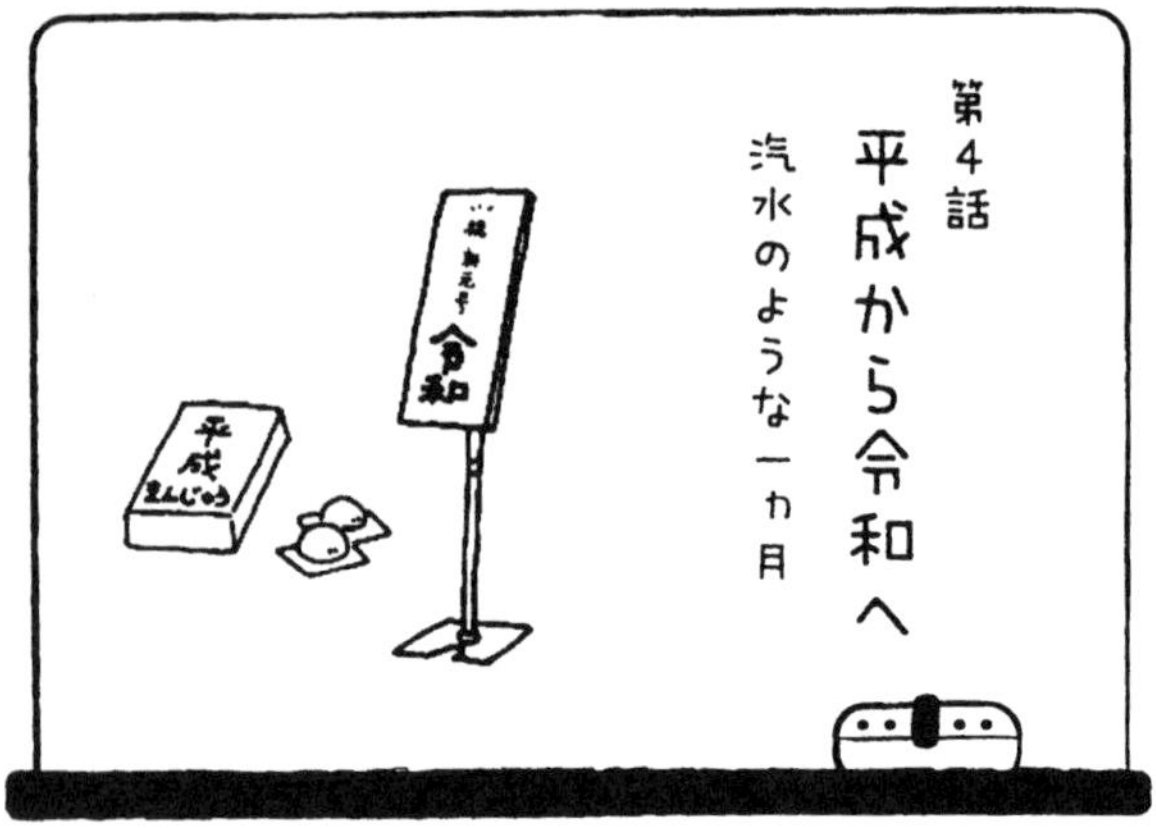

新元号の令和が発表された途端、情報が津波のように押し寄せてきました。しかも、津波のような多少の間があったわけではなく、一挙に氾濫しました。江戸時代の改元もそうでしたが、明治初期の改暦でも、その通報が地方のすみずみに到達するのには、かなりの時間がかかっています。

平成のときには「平成おじさん」のポーズとともに、改元のシーンがマスコミを通じて焼き付けられました。今回もそれを踏襲しましたが、その一方、前代未聞のことも多々ありました。まずは、退位がはやくから予定されていて、周知の事実となっていたことです。崩御の翌日に改元というような緊急事態ではなかったこと、また服喪《ふくも》のような重苦しい雰囲気ではなかったことも従来とは異なっています。いわば、慶事としての改元が天皇の代替わりにおこなわれることになったのです。

歌舞音曲をつつしんだ平成改元のときと比べると、令和改元はお祝い事のように華やかで、銀座のデパートには「祝　令和」の張り紙が入口で客を迎えていました。令和と大書した商品も多数でまわりました。ティッシュやトイレットペーパーから純金製の大判・小判まで、多種多様です。他方、羽田空港の土産物屋には「平成ありがとう」の文字が躍っていました。旅行会社は「平成最後の日」と銘打って伊勢神宮に泊まる旅を企画したり、令和最初の日に出雲大社に参拝する旅を売り出したりしました。商品に「平成」や「令和」を印字することも日常茶飯事です。

こうした現象は、汽水にたとえることができるでしょう。汽水とは「海水と淡水との混合によって生じた低塩分の海水。内湾・河口部などの海水」（『広辞苑』）です。「平成」の時間が水面《みなも》には流れているのですが、底流には「令

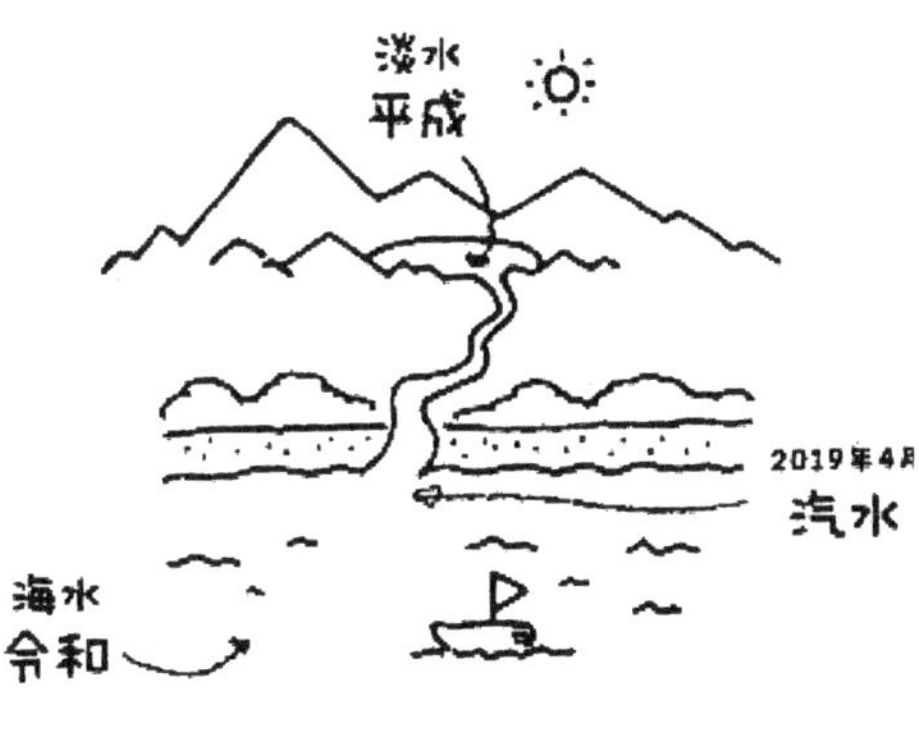

和」の海水がひたひたと逆流しているのです。その結果、両者は入り交じって混在しているのが、このときの世相ではないでしょうか。このような汽水状態の元号というのも、過去にあまり例はありません。

カレンダー業界でも、「令和」の暦をつくりました。江戸時代まで、「元年の暦」というのは無いもののたとえでした。改元は年の途中で突然おこるので、暦の発行が間に合わなかったのです。平成のときですら、希有の例外を除き、新元号入りのカレンダーを作成することは、喪中のような事態でもあり、いささかはばかられました。しかし、今回は八カ月しか残していないにもかかわらず、新元号入りのカレンダーが急きょつくられました。新日本カレンダー㈱は、特別企画セットを販売しています。他方、「天皇陛下御即位奉祝」と銘打ち、永久保存版の卓上カレンダーを少量発行したところもあります。また、定番の「皇室カレンダー」も、令和元年版が作成されました。といっても、一月から四月の月表をはずし、新元号「令和」を入れるというミニマムな対応でした。

全国カレンダー出版協同組合連合会（略称 JCAL）主催による「奉祝 平成最後のカレンダー展／皇室カレンダーで振り返る〜平成〜」も、銀座で一週間にわたって開催されました。平成のカレンダーが平成の時代に起きた事柄と関連づけてならべられ、あわせて平成の「皇室カレンダー」も展示されました。そのことで、カレンダーが文字どおり「時代の証人」であることを強く印象づけたこととおもいます。

四月一日の新元号発表から三〇日の天皇退位までの一ヵ月は、改元をひかえた前例のない過渡期です。しかも、三〇日間という長くもあり短くもある期間をはさむことで、業界によって事情は異なるにしろ、古い時代から新しい時代へとスムースな移行を可能にする時間的余裕がある程度ありました。前代未聞ではありましたが、空前絶後というわけではありません。今回の経験が将来、活かされるときがくるはずです。それを見越して、平成から令和への日本史上初の一〇連休を心して過ごしたい、と思った次第です。

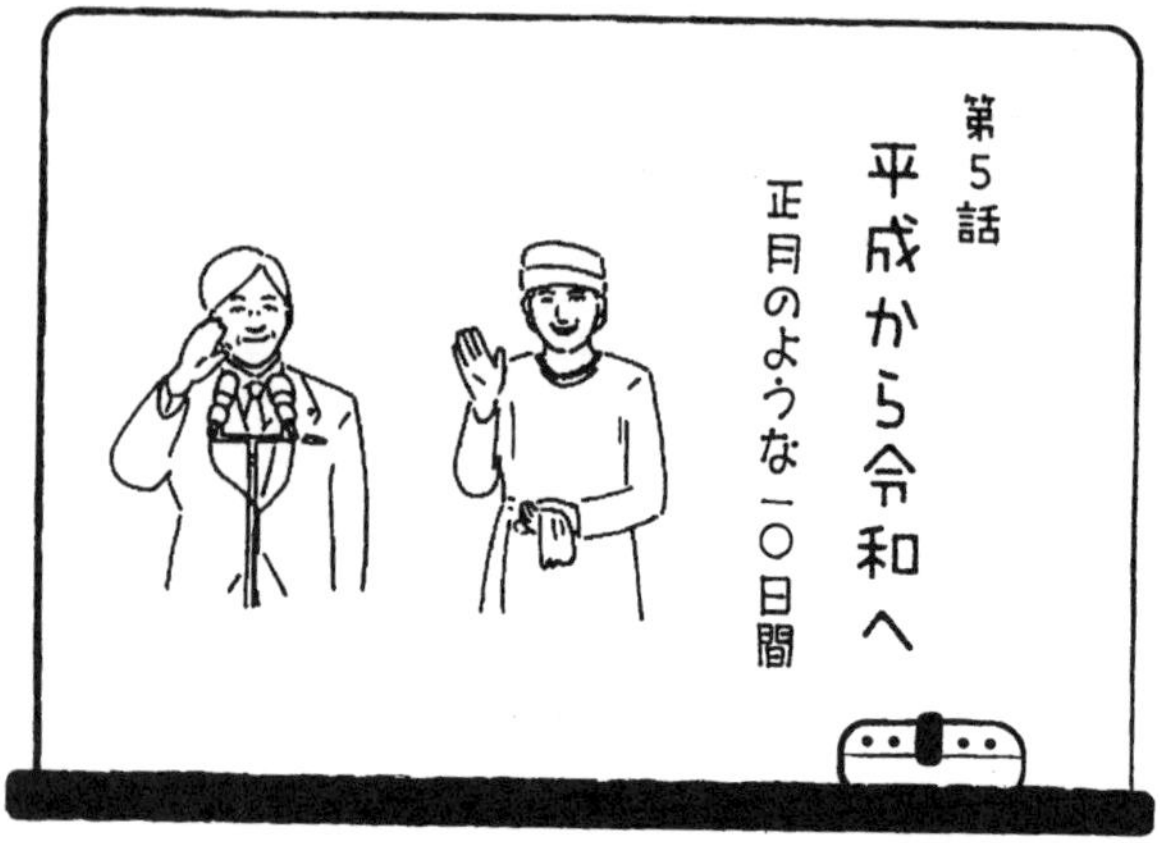
第5話
平成から令和へ
正月のような一〇日間

平成最後の日である四月三〇日には、天皇退位の儀式が成年皇族全員を集めて厳粛に執りおこなわれ、令和初日の五月一日には、新天皇の即位式が男系皇族のみで挙行されました。マスコミの報道も、剣璽等承継《けんじとうしょうけい》の儀を中心とする一連の儀式に焦点が当てられ、平成を振り返る特集が組まれ、それが終わると、令和への期待を込めた番組や記事に切り替わりました。しかし、五月二日になると一斉に皇位継承の問題が取り上げられ、祝賀ムードにもかかわらず、懸念と不安が浮上する格好となりました。

　とはいえ、街の雰囲気は正月に似たところが多々感じられました。渋谷の交差点では雨をものともせずカウントダウンがおこなわれ、郡《ぐ》上《じょう》踊りのように花火が打ち上げられたところもあったようです。正月には除夜の鐘がつきものですが、このたびは、春節のように花火で祝すという趣向が加わりました。ＮＨＫのテレビでは、「ゆく年くる年」をもじって「ゆく時代くる時代～平成最後の日スペシャル～」の特番が組まれました。正月はいつも初詣でにぎわう明治神宮ですが、今回は御朱印を求める長蛇の列ができ、最後尾には一〇時間待ちの表示板が立ちました。正月の定番である福袋を商魂たくましく配る店もあり、初売りセールも目白押しでした。

しかし、正月とはちがって賀状のやりとりはなく、新旧のカレンダーを取り換える必要もありませんでした。令和初日に結婚届を出すカップルが続出したことも、正月の風景とは異なっていました。とはいえ、帰省ラッシュによる交通渋滞は正月なみに発生し、海外旅行もいつものＧＷ以上に人気がありました。

世界的に見ると五月一日はメーデーと決まっていますが、労働組合の連合は、四月二七日（土）に東京の代々木公園

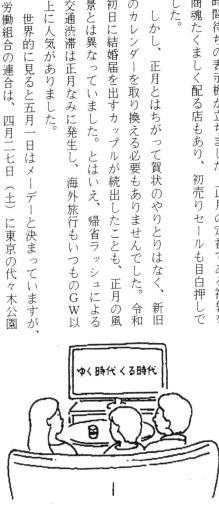

で集会とデモを実施しました。これはおどろくに値しません。なぜなら、二〇年近くも前からGWの最初にもってきているからです。名古屋や大阪ではメーデーの日に集会をひらき、パレードをおこない、名古屋では三〇〇〇人の人たちが集まったと報じられています。即位の日とメーデーが重なっても規制や弾圧につながらないところが、現代日本の姿です。

五月三日は憲法記念日です。これもいつものように、護憲派と改憲派の双方の集会が各地でそれぞれ開かれました。ただ、例年と多少ちがったところは、当時の安倍晋三首相がビデオ・メッセージで、令和への改元を機に改憲議論を進めるべきだと二年前の内容をあらためて強調したことです。それと対照的だったのは、新天皇が朝見の儀で「憲法にのっとり、日本国及び日本国民統合の象徴としての責務を果たす」と憲法に言及して誓ったことです。

五月四日には、これまた正月のように一般参賀がおこなわれました。宮殿のベランダに立たれたのは、新天皇と新皇后、ならびに上皇・上皇后を除く成年皇族の方がたでした。一〇時から六回にわたる参賀には一四万人以上の人びとがつめかけ、「令和万歳!」などの歓声を上げ、日の丸の小旗が振られました。外国人の姿も目立ちました。天皇は「我が国が諸外国と手を携えて、世界平和を求めつつ、一層の発展を遂げることを心から願っております」と述べられました。これからは平和外交が皇室のおおきな課題になることが予感されました。

五月五日はこどもの日。東京では上皇と上皇后がゆかりのテニスクラブを訪問され、旧交を温められました。他方、大阪では甲子園球場に珍事がおきました。阪神の福留孝介選手が自身通算五本目のサヨナラ・ホームランを放ちましたが、なんとこれがセ・リーグの五万本目であるだけでなく、五番打者が五対五の試合で五打席目に打ったというのです。ちびっこファンのインタビューにご満悦の福留選手でした。

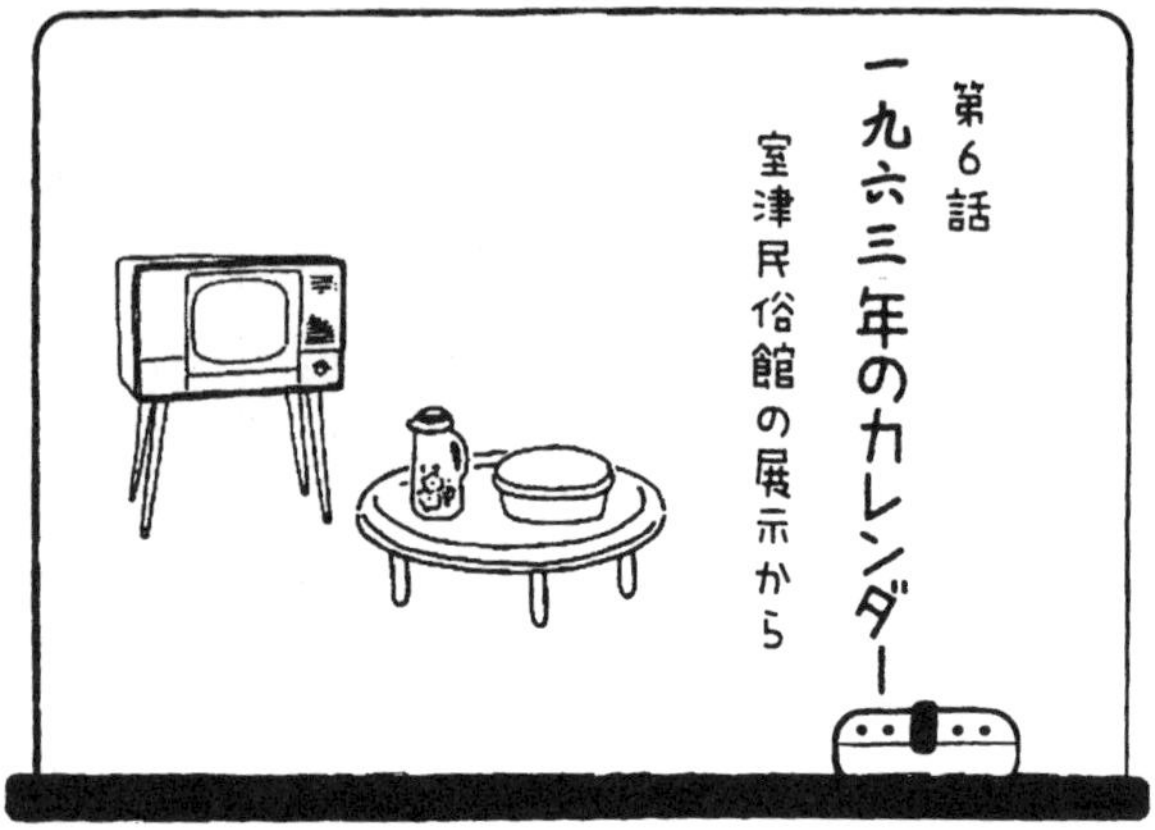

第6話 一九六三年のカレンダー

室津民俗館の展示から

兵庫県室津《むろつ》、といってもピンとくる人は関西でも少ないことでしょう。室津は播磨灘《はりまなだ》に面し、室津湾とよばれる「室のように静かな湾」の奥まったところにある港町です。地理的には姫路と赤穂の中間に位置し、行政的には龍野《たつの》市に属しています。伝承では神武天皇の東征の際につくられた港であり、奈良時代の高僧行基が整備した「摂播《せっぱん》五泊」の一つとされています。摂播とは摂津国と播磨国のことです。泊は「とまり」とも読み、船泊《ふなどまり》を意味しています。『播磨国風土記』には「この泊、風を防ぐこと室《むろ》のごとし、故《ゆえに》、因《よ》りて名をなす」と記されています。

室津は、歴史的には海上交通と陸上交通の要《よう》衝《しょう》として栄えました。史実として有名なのは、天正《てんしょう》（少年）遣欧使節がローマ法王に謁見《えっけん》して帰国後、秀吉の謁見を待つため、ここに約二ヵ月滞在したことがひとつ、もうひとつは、西国の諸大名が参勤交代時、また朝鮮通信使やオランダ商館長の一行が江戸参府の際、室津に寄港したことです。

室津民俗館はこうした歴史を展示する一方、漁具や家具などの民具もならべています。建物自体は「魚屋」という屋号をもつ豪商の館ですが、数年前、そこを訪ねる機会がありました。わたしにとって、とくに目を引いたのは一枚のカレンダーでした。それは一九六三年のもので、柱にかかっていました。その下には鏡台があり、両脇にはテレビと整理ダンスが置かれていました。テレビの上にはラジオがあり、タンスの上には人形や時計が並んでいました。古い寒暖計も隅に立てかけられ

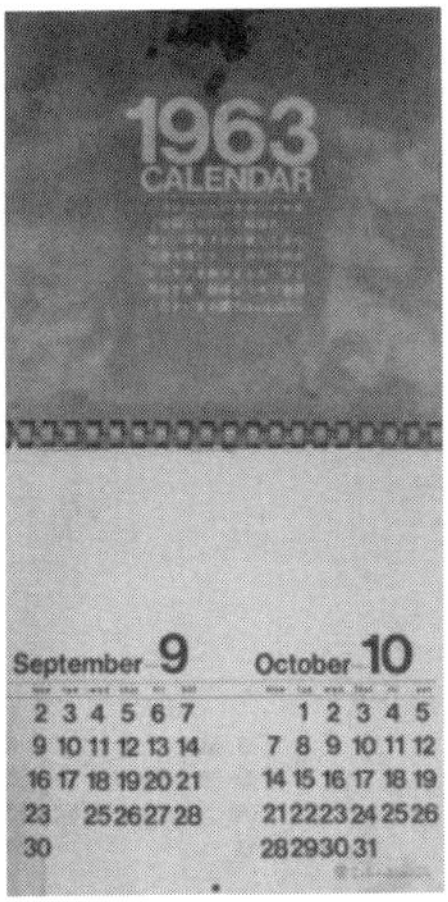

室津民俗館のカレンダー

ていました。その部屋はもちろん和室で、丸いちゃぶ台とこたつもありました。これはいかにも昭和三〇年代の生活を再現するものであり、カレンダーが雄弁にその時代の証人となっていました。

カレンダーは二ヵ月を一頁におさめたルーズリーフ型のもので、上半分はバラの作品で知られる中川一政（一八九三～一九九一）らの絵画が採用されていました。名付けて「タカシマヤ　バラのカレンダー」。宣伝文には次のように書かれていました。

「バラのムードのタカシマヤがご愛顧いただいて幾年月……新しい年をさらに美しくさらに香り高くと　このバラのカレンダーを創りました　ひと月ひと月　皆さまどうぞご愛用くださいませ」

大阪高島屋がおそらく上客用に進呈したものと思われます。月名も曜日もすべて英語、年は西暦で、昭和三八年の文字列はみあたりません。絵画も洋画で、ルーズリーフのしゃれた判型です。昭和三〇年代の暮らしのなかに、洋風のカレンダーが違和感なくおさまっていました。

一九六三年と言えば東京オリンピックの前年、名神高速道路が名古屋・西宮間で開通した年です。所得倍増計画が一九六〇年に打ち出され、高度成長に邁進していた時代でした。

とくに家電製品の普及はめざましく、テレビ・電気洗濯機・電気冷蔵庫が「三種の神器」としてもてはやされました。室津民俗館にも、神器の一つであるテレビが鎮座しています。

他方、茶器のセットと魔法瓶が乗っているちゃぶ台は、そろそろ消えかけていく運命にありました。まもなくダイニング・キッチンが主流となり、テーブルが主役となっていきます。朝食も、ご飯からパンに次第に変化していきました。

映画「ALWAYS 三丁目の夕日」（二〇〇五）は、昭和三三（一九五八）年の東京下町を舞台とし、空前のヒットとなった作品です。日本アカデミー賞をほぼ総なめにし、「昭和三〇年代ブーム」をひきおこしました。室津民俗館の一室も「昭和三〇年代」を想起させる展示でしたが、一九六三年のカレンダーには、〝昭和〟の文字はひとかけらもありませんでした。ミスマッチと言えばそれまでですが、見方によっては、元号から西暦に変わっていく兆候を如実に示していたのかもしれません。当時のハイカラなデパート「タカシマヤ」は、その先鞭をつけていたのでしょう。西暦は元号を押しのけて、津々浦々に波及していったと考えられます。

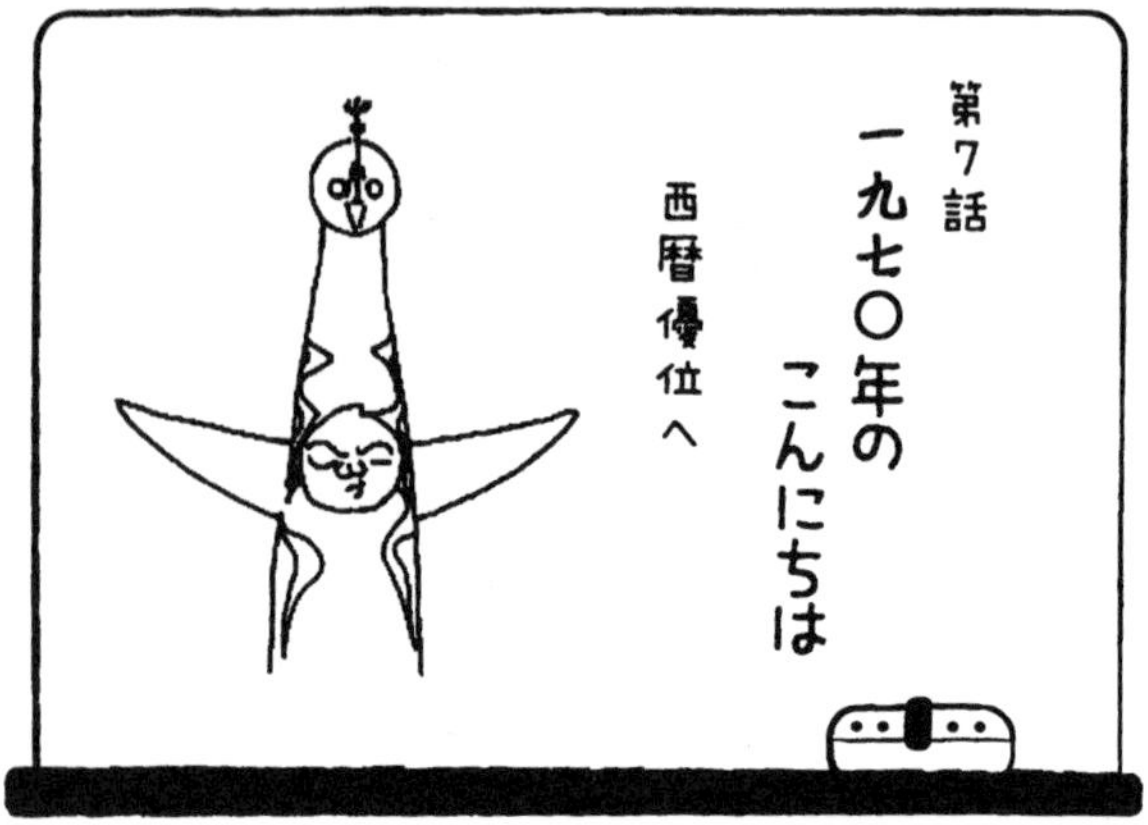

西暦と元号のどちらがよく使われているか、統計データがあるといいのですが、管見では知りません。そこで、思いつくままに探ってみることにしました。まず脳裏に浮かぶのは、六〇年安保と七〇年安保です。アメリカとの安全保障条約ですから、元号をつかうわけにはいかなかったのでしょう。他方、「昭和三〇年代」とか「昭和一桁」という便利な時代区分が流行しました。「昭和元禄」という言いえて妙な、年号を重ねた言いまわしも登場しました。

学術的な辞典や事典の類はどうでしょう。西暦の記述が少ない民俗学の場合を見てみましょう。柳田国男監修の『民俗学辞典』（東京堂出版）は、昭和二六年（一九五一年）の刊行です。縦組みで、参考文献は「昭二四」のようにすべて

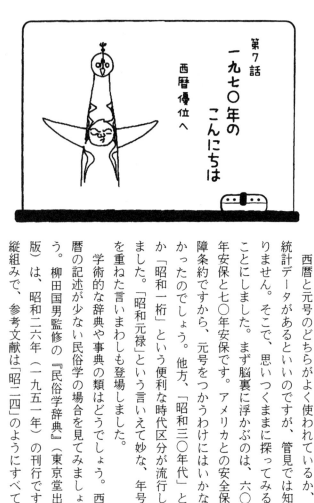

元号で表記されていました。本文中に特定の年が元号で出てくることもまれで、西暦は見あたりません。これに対し、大塚民俗学会編『日本民俗事典』(弘文堂)は一九七一(昭和四六)年の刊行で、横組みとなっています。年号は、日本年号を掲げ、西暦年号を( )内に付しています。ただし、その多くは、「元禄三年(一六九〇)」とか「文政期(一八一八～三〇)」のように、明治以前の年号です。日本語の参考文献には日本年号が「昭二四」のように示されていますが、それは明治以降に限られています。ところが、一九九九(平成一一)年の『日本民俗大辞典』(吉川弘文館)になると、参考文献が西暦となります。しかも縦組みの辞典ですから、西暦は漢数字です。文中の表記も「一八二二年(文政五)」のようになっています。

民俗学は歴史学とは異なり、特定の年月日にあまり左右されない記述に特徴があります。しかも、日本民俗学ですから、西暦に頼ることはほとんどありません。参考文献にしても、欧文のものはごくわずかです。にもかかわらず、平成年間には西暦優先に移行しているのです。

次に、もっと大衆的な大手新聞に注目してみましょう。戦時中、新聞の年月日は元号だけでしたが、戦後、元号と西暦が両方つかわれるようになりました。ただし、西暦は括弧

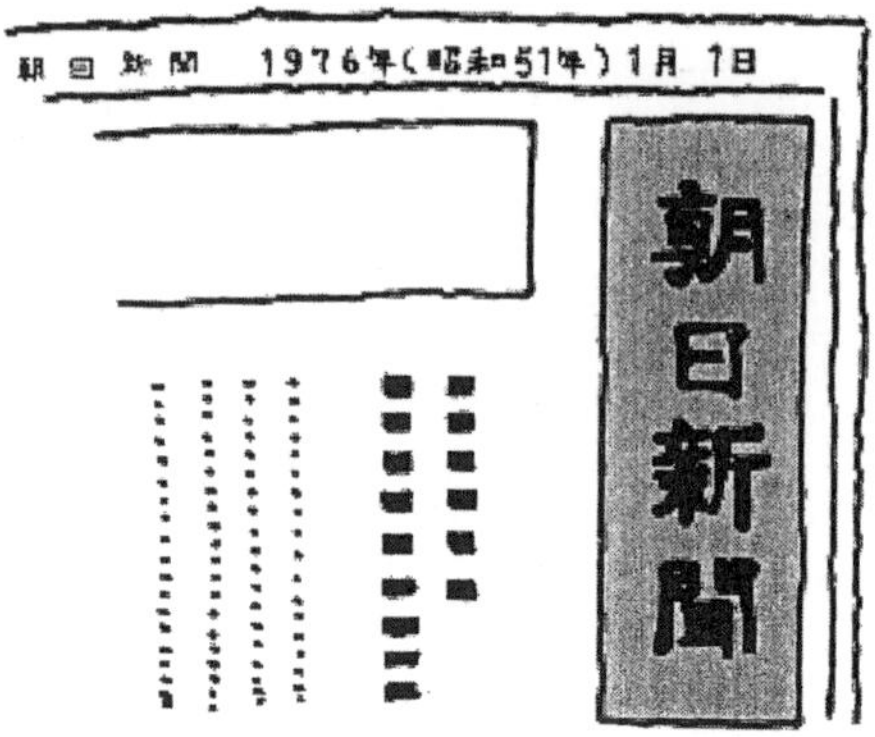

に入っていました。たとえば、大阪万博の開幕を報じた朝日新聞には、「昭和四五年（一九七〇年）三月一四日（土曜日）」とありました。しかし、一九七〇年代の後半に西暦と元号のあつかいが逆転します。朝日新聞がいちばん早く、一九七六年一月一日から「西暦（元号）」となりました。理由は明示されていないようです。二年遅れて毎日新聞も西暦が先となりました。そこでは、国際化に対応しての措置であることが明記されました。それから一〇年遅れて読売新聞が、一九八八年一月一日に西暦優先へと舵を切りました。日本経済新聞は一九八八年九月二三日から、朝日、毎日、読売に足並みをそろえましたが、ちょうど昭和天皇の重体報道と重なる時期でした。ちなみに、産経新聞は、ずっと「元号（西暦）」を堅持しています。

どうやら、一九七〇年代に西暦と元号をめぐる攻防の山があったようです。役所の文書はいまでも元号が優先されますが、新聞の大勢は西暦優位となっていきました。つまり、官と民の乖離が広がっていったのです。その背景として、二つの点を指摘しておきたいとおもいます。ひとつは、東京オリンピックから大阪万博とつづく流れのなかで、国際化に否応なく対応せざるをえなくなったことです。欧米諸国を主流とする文明が西暦を採用している以上、現実的にはそれに会わせる必要がありました。デ・ファクト・スタンダード（事実上の基準）としての西暦です。これに対し、元号の継続的使用に危機感をもつ人たちが声をあげました。それは元号に法的根拠をもとめる運動となり、一九七九年に元号法の成立として結実しました。これがデ・ジュリ・スタンダード（法律上の基準）としての元号です。

大阪万博のテーマソングは、「一九七〇年のこんにちは」と歌われる「世界の国からこんにちは」でした。「昭和四五年」は、国際的イベントでは影を潜めざるをえませんでした。EXPO'70という表記も目立ちました。七〇年安保だけでなく、七〇年万博もまた西暦に加勢する結果となりました。

第8話 立教紀元と創業紀元

天理教と松下電器

第17話で、ブラジルの天理教カレンダーに、RDという立教を表すポルトガル語の頭文字が使われていることに言及します。これは立教紀元とでも言うべき独特の紀年法です。このような紀年法は、天理教に限ったことではありません。山口県の田布施《たぶせ》に本部を置く天照皇大神《てんしょうこうたいじん》宮教《ぐうきょう》でも、戦後の昭和二一（一九四六）年を紀元元年とする「神の国の紀元」を用いています。そこには、この世の戦争には負けたが、「神の国」建設という新たな戦争がはじまったという教祖の強い信念が込められています。オウム真理教も、「真理元年」という表現を使ったことがありました。

世俗的な事業をおこなっている会社にも、創業を紀元とする紀年法が存在します。その代表は松下電器（現、パナソニック）の「命知」でしょう。使命を知るという意味ですが、創業者の松下幸之助が昭和七（一九三二）年五月五日を創業記念日と定め、社員を全員集め、産業人の使命は生産活動を通じて水道水のように製品を供給し、貧乏を克服することにあると力説しました。そして、この年を命知元年と定めたのです。

この演説に先立つ二ヵ月前、幸之助氏は三月の初旬に取引先である天理教信者のU氏に誘われて、親里とよばれる天理教本部を訪問しています。朝八時頃から夕暮れまで、U氏の熱心な説明を受けながら、神殿はもとより教祖墓地や製材所までさまざまな施設をめぐり歩きました。その間、「土持ちひのきしん」という一種の報恩活動（日の寄進）を目に焼き付け、会社の仕事を聖なる事業に位置づける使命観を感じ取ったのです。

ここまでは経営学者などには比較的よく知られているエピソードですが、最近刊行された『命知と天理―青年実業家・松下幸之助は何を見たのか』によると、幸之助氏はもっと強く天理教の教理や儀礼、組織や刊行物、また教育や福利厚生などの影響を受けたのではないかと指摘されています。たとえば松下電器の特徴と言われる「事業部制・分社制」と天理教の「本部―大教会―分教会」という独立採算制の組織編成、また社内の「朝会・夕会」と教団の「朝勤《あさづとめ》・夕勤《ゆうづとめ》」との類似です。さらに「目標達成に期限を区切ること」

も、「教祖年祭《おやさまねんさい》」に似ていると言うのです。

幸之助氏は命知元年を宣言したとき、使命到達期間として二五〇年を設定しました。さらに、それを一〇で割り、一節を二五年としました。その二五年をまた三期に分け、最初の一〇年を「建設時代」、次の一〇年を「活動時代」、残りの五年を「貢献時代」としたのです。このような「目標達成に期限を区切ること」は、天理教においては教祖の没後、一〇年毎に執りおこなわれる「教祖年祭」によく似ています。そこでは教団の重点目標が設定され、全教あげて取り組んできた歴史があります。幸之助氏が教団本部を訪問したときは、「教祖五〇年祭」を四年後にひかえ、その翌年には「立教一〇〇年」があり、「昭和普請」と称される教祖殿や南礼拝場などの大々的な建設に邁進していた時期でした。その具体的なあらわれが「土持ちひのきしん」であり、製材所の活気でした。

ところで、二〇二〇年はコロナ禍でオンライン元年がもてはやされました。「オンラインデモクラシー元年」、「オンライン学習元年」、「オンライン就活元年」といった具合です。そして、ついに「オンライン元年」を特集する雑誌まであらわれました。かつて阪神淡路大震災の一九九五年は、「インターネット元年」とよばれました。インターネット元年にしろ、オンライン元年にしろ、大災害時に新しい情報伝達手段が脚光を浴びるようです。

天理教の表現を借りると、「節《ふし》から芽が出る」ということになるでしょうか。困難や苦悩に直面したときこそ、新しい芽が出るという逆転の発想です。実際、天理教では教祖年祭のことを「節《ふし》」とも称しています。こちらは竹の節のような、一〇年刻みの節目を意味しています。こよみの用語でもある「元年」や「節」は広い裾野をもっているようです。

【参考文献】

住原則也『命知と天理—青年実業家・松下幸之助は何を見たのか』道友社、二〇二〇年。
『Works』一六一号、特集「オンライン元年」、リクルート、二〇二〇年。

第2章　ユニークなカレンダー

日本の旧植民地や占領地の紀年法やカレンダーを調べてみます。つづいて二〇一〇年の上海万博時に入手したユニークなカレンダーやアメリカス（南北アメリカ）の日系宗教カレンダーに目を転じます。最後に、東京オリンピックにあわせて古代ギリシャのオリンピア紀元を想起します。

第9話 檀紀と主体年号

朝鮮半島の紀年法

一九四五年八月一五日、日本はポツダム宣言を受諾し敗戦国となりました。この日は「終戦記念日」ですが、法的に規定された特別の日ではありません。他方、韓国や台湾では「光復節」と称する祝日です。「光復」とは国権の回復を意味します。北朝鮮でも「祖国解放の日」として祝日になっています。要するに、日本の植民地的支配から解放された記念日です。ただし、中国では祝日に指定されていません。

一九四六年の朝鮮のカレンダー（韓国の国立民俗博物館提供、写真参照）をみると、西紀（一九四六）と干支（丙戌）とならんで、四二七九の数字が目に入ってきます。これは檀紀《だんき》です。檀君《だんくん》という、朝鮮半島を支配した伝説上の王の即位から数えた年数です。檀君は天神桓因《かんいん》の子である桓雄《かんゆう》と雌熊との間に生まれた子で、「檀国の君主」を意味し、氏名は王倹《おうけん》とされています（一三世紀頃に成立した『三国遺事《さんごくいじ》』による）。檀紀は一九世紀末、檀君を朝鮮民族の祖とあがめる大倧教《たいそうきょう》などの宗教運動のなかで脚光を浴び、独立運動にも影響をあたえました。檀紀は、高い民族的アイデンティティを主張する人たちを中心に使用されるようになりました。しかし一九一〇年、李氏朝鮮が滅び日韓併合となると、檀紀は姿を消し、かわって皇紀（神武天皇即位紀元。檀紀より一六七三年短い）や元号（明治、大正、昭和）が登場してきます。そして、日本の敗戦で皇紀と元号が消滅し、ふたたび檀紀が記載されるようになったのです。絵には光復のよろこびが画面いっぱいに表現されています。

檀紀復活のカレンダー
朝鮮半島 1946年

民族衣装をまとった男女三名が太極旗を両手にかかげ、祝賀デモにくりだしている光景です。

一九四八年、南朝鮮に大韓民国が成立すると、檀紀が正式の紀年法となりました。それは一九六一年まで続きましたが、それ以降は国際化に対応するため公的には西暦に取って代わられました。とはいえ、それで檀紀が雲散霧消したわけではな

北朝鮮のカレンダー
主体年号95年（2006年）

く、大倧教はもとより、冊子の『大韓民暦』などに命脈を保っています。それどころか、檀君をまつる開天節（一〇月三日）も祝日のあつかいをうけています。他方、北朝鮮では一九四八年の朝鮮民主主義人民共和国の成立とともに、西暦が正式に採用されました。檀紀は使われていません。

一九五〇年～五三年の朝鮮戦争の結果、朝鮮半島は北緯三八度線をはさんで南北に分断されました。『大韓民暦』には、西紀と檀紀に加え大韓民国何年という建国を紀元とする紀年法が記載されています。ただし、名目的なものにとどまり、檀紀ほどの影響力はありません。それに対し、北朝鮮では一九九七年、突然、暦法上にあらたな紀年法が加えられました。主体（チュチェ）と銘打った紀年法です。一般に「主体年号」として知られ、建国の指導者で国家主席でもあった金日成《キムイルソン》の生誕年である一九一二年を紀元とする紀年法です。金日成が唱えた朝鮮労働党ならびに北朝鮮の指導方針が「主体思想」であり、初期には政治の自主、経済の自立、国防の自衛が強調されました。後には、首領の指導に力点が移り、金日成の個人崇拝や金正日《キムジョンイル》の独裁体制を正当化する思想に変質したとされています。この紀年法は、しかしながら、金日成の存命中に決められたのではなく、没後三回忌の一九九七年から使用されはじめました。

「年号」とは称しても、王権の代始改元のようにリセットされるものではありません。祥瑞や災厄による改元もなければ、辛酉《しんゆう》革命や甲子《かっし》革令のような説にも依拠していません。キリスト生誕紀元とされる西暦と同様、一方向的に進行するものです。ただし、「紀元前」のような用法はありません。

朝鮮半島における紀年法には、檀紀と主体年号に象徴される南北の相違がみられます。歴史的には日本の皇紀が元号とともに影を落としました。そうした関係をさらに深く広く知るためには、中国や台湾のこともとりあげる必要があるでしょう。次回の課題とします。

【参考文献】

金セッピョル「北朝鮮」「大韓民国」中牧弘允編『世界の暦文化事典』丸善出版、二〇一七年。

中牧弘允「メディアとしての暦―朝鮮・台湾・インドネシアにおける元号と皇紀」『関西学院大学社会学部紀要』一三〇号、二〇一九年。

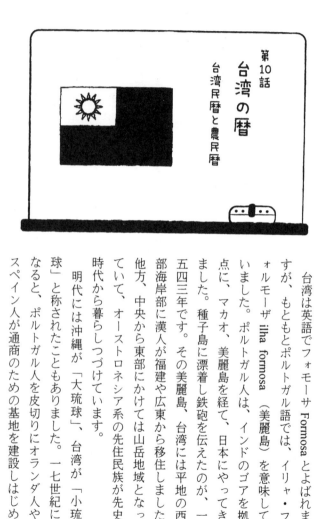

第10話 台湾の暦

台湾民暦と農民暦

台湾は英語でフォモーサFormosaとよばれますが、もともとポルトガル語では、イリャ・フォルモーザilha formosa（美麗島）を意味していました。ポルトガル人は、インドのゴアを拠点に、マカオ、美麗島を経て、日本にやってきました。種子島に漂着し鉄砲を伝えたのが、一五四三年です。その美麗島、台湾には平地の西部海岸部に漢人が福建や広東から移住しました。他方、中央から東部にかけては山岳地域となっていて、オーストロネシア系の先住民族が先史時代から暮らしつづけています。

明代には沖縄が「大琉球」、台湾が「小琉球」と称されたこともありました。一七世紀になると、ポルトガル人を皮切りにオランダ人やスペイン人が通商のための基地を建設しはじめました。一六六一年、明の復興をはかろうとする鄭成功《ていせいこう》が二万五〇〇〇の兵を率いて台湾に上陸し、オランダ人を追放して基地経営に乗り出しました。しかし、それも長くは続かず、結局、清の統治下にはいり、当初は福建省に隷属していましたが、一八八五年に台湾省がもうけられました。そして一八九五年、日清戦争の結果、台湾は清国から日本に「割譲」されたのです。

日本は総督のもと直接統治の体制をしき、灌漑施設を整備し、米作と糖業の振興をはかり、皇民化運動を強化していきました。日本の暦と中国の農暦がかかわるのは、この頃からです。

日本暦（官暦）は、一八九九年から伊勢神宮の大麻《おおぬさ》（大きな串につけた幣帛）とともに神宮教によって普及がはかられましたが、台湾総督府が積極的に支援した形跡はありません。しかし、一九一三年に総督府は「台湾民暦」を頒布しはじめました。これは「日本暦」と「中華暦」の折衷といわれるものでした。その最大の特徴は、紀元節や天長節などの日本暦の祝祭日に加え、台湾統治の正当性を象徴する「台湾始政記念日」と「台湾神社祭」が掲載されていることです。前者は台湾総督府が開庁した六月一七日であり、後者は一九〇一年に神殿が竣工し大祭がおこなわれた一〇月二八日を記念していました。

「台湾民暦」とは別に、一枚刷りの民間暦もつくられていました。台湾では「暦図」とよばれ、内地の「略暦」に相当するものです。一九一四年の「暦図」の表題をみると、「神武天皇即位紀元弐千五百七拾四年」「大日本帝国大正参年歳次甲寅暦日図」とあります。「暦図」の正式名が「暦日図」であることもわかります。そこには祝祭日として「台湾始政記念日」と「台湾神社祭」が加わっていますし、二十四節気や干支、ならびに各種占いの情報などが細かく載っています。しかし、西暦や民国暦（中華民国の成立を紀元とする紀年法）は見当たりません。

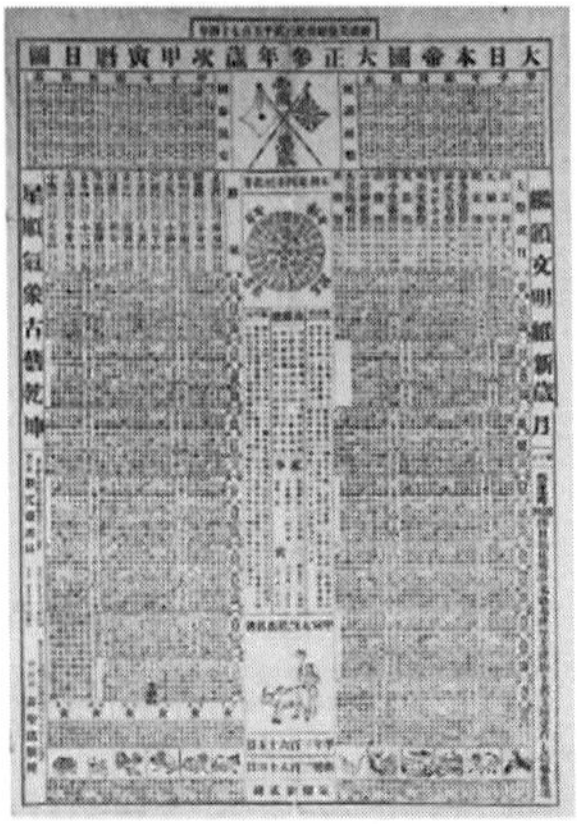

1914年の「暦図」（参考文献記載の游舒婷論文より）（台湾歴史博物館所蔵）

それと対照的なのが、一九四六年版の「台湾民暦」です。「台湾民暦」と銘打っていますが、その文字は小さく、中央には「光復台湾大陰陽暦」の活字が「中華民国三十五年（丙戌）」をともなって大きく表示されています。第9話にも述べたように、「光復」は国権の回復を意味しています。日本の敗戦の翌年にでた暦ですので、皇紀や元号（昭和）は消えています。また「台湾始政記念

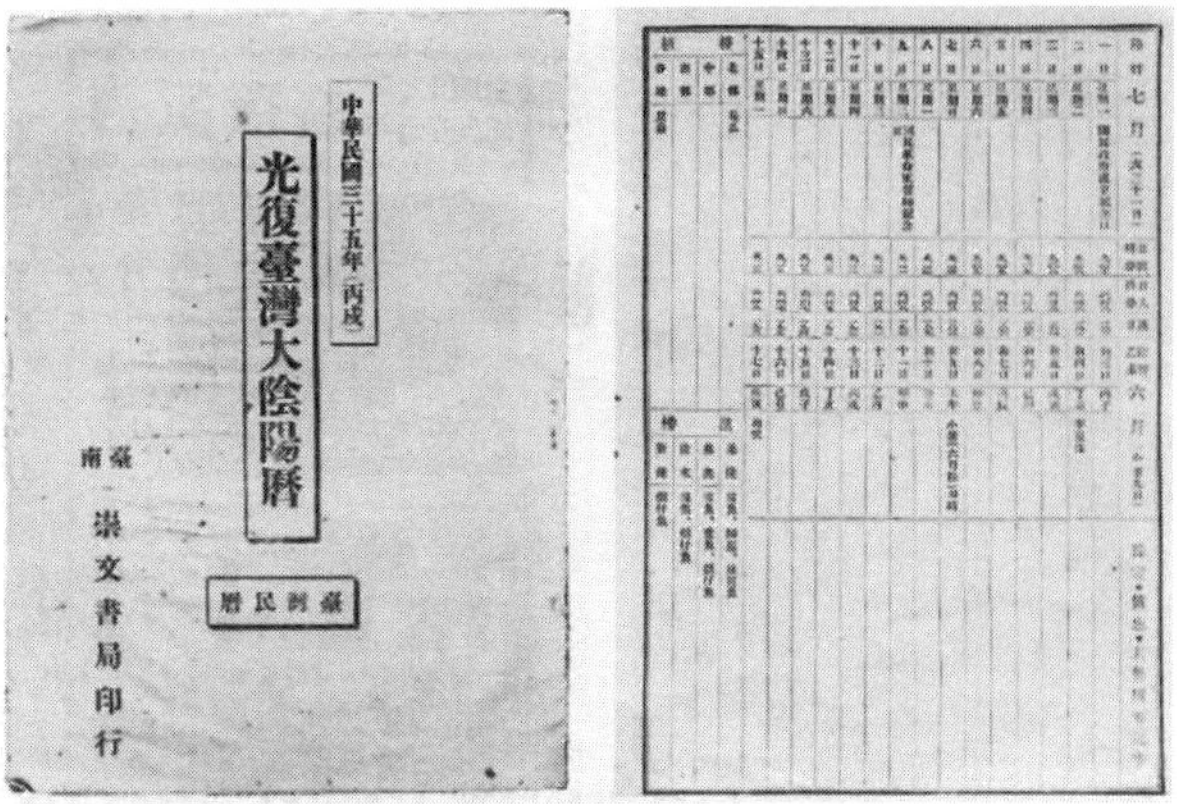

1946年の台湾民暦（参考文献記載の游舒婷論文より）

日」のかわりに「国民政府成立記念日」（七月一日）が新たな祝日となっています。戦後しばらく、八月一五日は光復節とされましたが、のちに台湾受降調印記念日の一〇月二五日に改められました。また曜日も、日、月、火、水、木、金、土が、中国風に星期日、星期一、星期二、星期三、星期四、星期五、星期六に変更されました。

現在の台湾には、「通書」とともに「農民暦」が流布しています。前者は風水師や道士がもちいる分厚い書物ですが、後者は簡便な薄い刊行物です。「農民暦」には気候と豊凶に関する予測、生年や氏名による占い、神仏生誕日、民間療法や健康にかかわる情報、世界各国の時間や列車時刻表などが載っています。日の吉凶を知るのにもっとも便利なのが「農民暦」であり、区役所をはじめ

2014年の台湾農民暦

農会や金融機関、新聞社や中小企業、あるいは寺廟や議員から無料で配布され、国民党の統治下で「中華文化」を表象する代表的なもののひとつとなりました。


【参考文献】

中牧弘允「メディアとしての暦―朝鮮・台湾・インドネシアにおける元号と皇紀」『関西学院大学社会学部紀要』一三〇号、二〇一九年。

游舒婷「官暦と民間暦を通してみる伝統と近代の交錯―日本統治時代の『台湾民暦』と国民党統治時代の『農民暦』をめぐって」『非文字資料研究』一四、神奈川大学、二〇一七年。

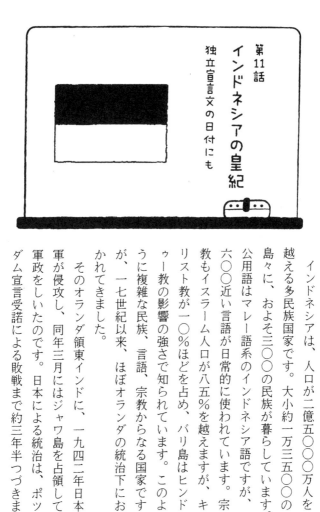

第11話 インドネシアの皇紀

独立宣言文の日付にも

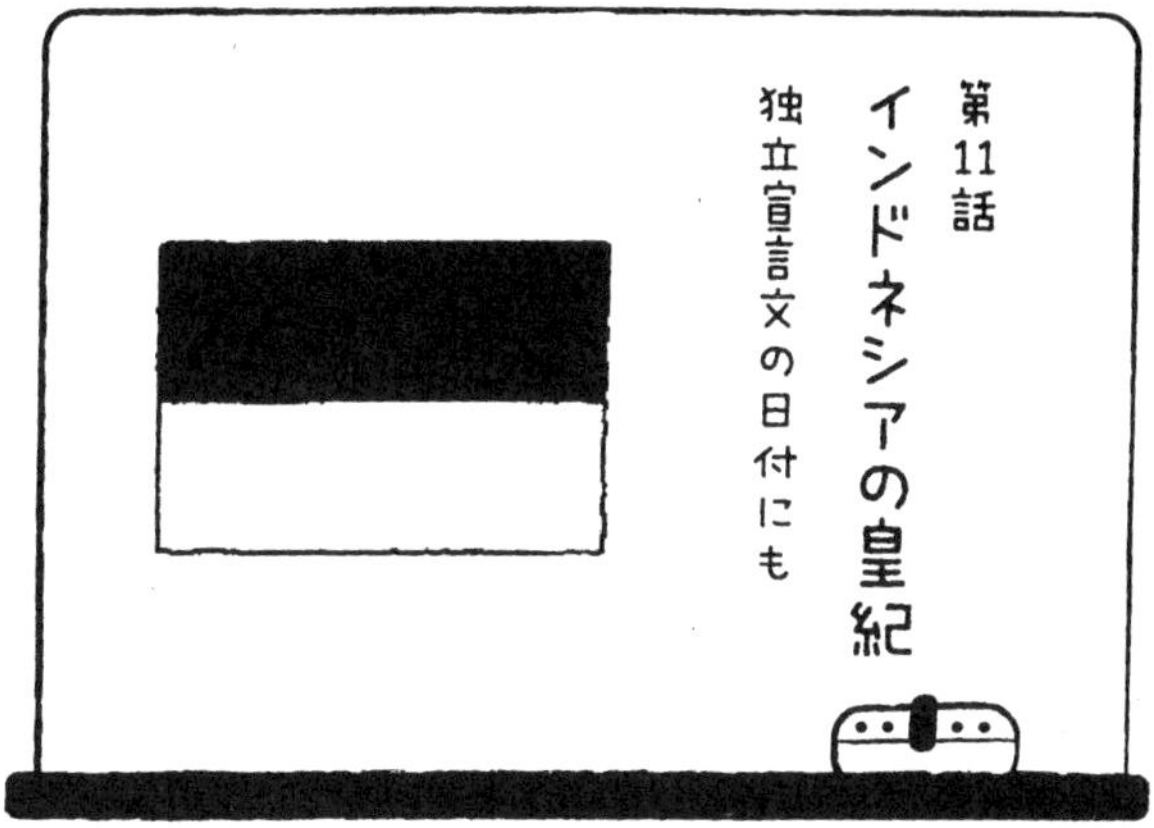

インドネシアは、人口が二億五〇〇〇万人を越える多民族国家です。大小約一万三五〇〇の島々に、およそ三〇〇の民族が暮らしています。公用語はマレー語系のインドネシア語ですが、六〇〇近い言語が日常的に使われています。宗教もイスラーム人口が八五%を越えますが、キリスト教が一〇%ほどを占め、バリ島はヒンドゥー教の影響の強さで知られています。このように複雑な民族、言語、宗教からなる国家ですが、一七世紀以来、ほぼオランダの統治下におかれてきました。

そのオランダ領東インドに、一九四二年日本軍が侵攻し、同年三月にはジャワ島を占領して軍政をしいたのです。日本による統治は、ポツダム宣言受諾による敗戦まで約三年半つづきま

ALMANAK暦
(Dewasa Bali) バリ時間
Saka 1865 サカ暦
Nichiyobi　AHAD
Getsuyobi　SENEN
NIPPON
　1.Shihoohai　四方拝
　3.Gennshi Sai　元始祭
　5.Shinnen Enkai　新年宴会
Hari adat-adat Baliバリ伝統行事の日
Islam　イスラーム
Tionghwa　中国

右のカレンダーに記載されている情報

バリ島の皇紀2604年(1944年) のカレンダー

した。この間、日本の暦が適用され、紀元は皇紀を使用するよう布告されました(一九四二年四月二九日付)。その年は西暦の一九四二年でも、元号の昭和一七年でもなく、皇紀二六〇二年であることを明記したのです。

したがって、日本軍政下でつかわれたカレンダーには皇紀が使われています。わたしは、皇紀二六〇四年の壁掛けカレンダーをバリ島で見せてもらったことがあります。そこには上のような暦情報が記載されていました。

皇紀以外にサカ暦が紀年法としてつかわれています。これは西暦七八年を紀元とするヒンドゥー暦です。曜日は日本語のローマ字表記に加え、アラビア語系の単語が並んでいます。ただし、土曜日はポルトガル語系の単語です。最下部の欄外を

独立宣言
われらインドネシア民族は、ここにインドネシアの独立を宣言する。
権力の委譲およびその他の事項は、慎重な方法をもって最も短期間内に実施するものとする。

ジャカルタにおいて、05年8月17日
インドネシア民族の名において　スカルノ
ハッタ

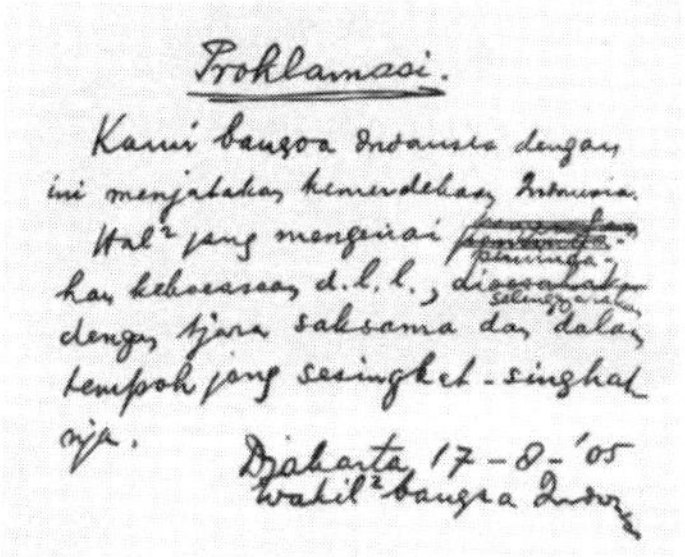
Proklamasi.
Kami bangsa Indonesia dengan ini menjatakan kemerdekaan Indonesia.
Hal² jang mengenai pemindahan kekoeasaan d.l.l., diselenggarakan dengan tjara saksama dan dalam tempoh jang sesingkat-singkatnja.
Djakarta 17-8-'05
Wakil² bangsa Indonesia.

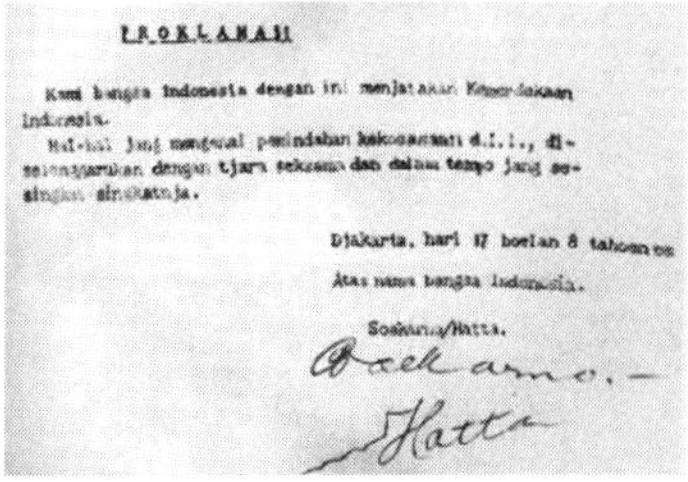
PROKLAMASI
Kami bangsa Indonesia dengan ini menjatakan Kemerdekaan Indonesia.
Hal-hal jang mengenai pemindahan kekoeasaan d.l.l., diselenggarakan dengan tjara seksama dan dalam tempo jang sesingkat-singkatnja.
Djakarta, hari 17 boelan 8 tahoen 05
Atas nama bangsa Indonesia.
Soekarno/Hatta.

インドネシア独立宣言文

見ると、左半分はNIPPONの項で、一月の年中行事＝祝日として四方拝《しほうはい》（歳旦祭）、元始祭、新年宴会が特記されています。その右半分にはバリ伝統行事の日、イスラームの行事、中国の行事がリストアップされています。

一九四五年八月一五日、日本は敗戦国となりました。その二日後、独立運動を指導していたスカルノとハッタは、独立を宣言しました。おどろくべきことに、日付は皇紀でした。手書きの草稿では**Djakarta 17-8-'05**とあり、タイプ打ちの宣言には**Djakarta. hari 17 boelan 8 tahoen 05**とみえます。05は言うまでもなく皇紀二六〇五年のことです。

宣言文を読み上げたのはスカルノであり、後に大統領となります。ハッタは副大統領をつとめました。ではなぜ皇紀が使われたのでしょうか。いくつかの解釈があります。

「かれらによって皇紀が無意識に使用されたことは、むしろ日本軍政による日本的なものの押しつけが、いかにきびしかったかを示しているといえる」（鈴木、↓参考文献））と述べる研究者がいる一方、「〇五年というのは、西暦を避け、日本の皇紀二千六百五年に依ったアジア・ナショナリズムの結果である」（総山、↓参考文献）と言い切る方もいます。「たんなる習慣のためだろうか、それとも日本側をして従来のコミットメントを忘れさせない深慮からだろうか」（斉藤、↓参考文献）と自問自答する人もいました。

皇紀はオランダの支配下で使われていた西暦に対峙するものであり、独立運動を展開していた人びとには受容しやすいものだったにちがいありません。しかも、日本は一九四五年三月には独立準備調査会の設置を発表し、五月にはその活動を開始しています。共和国としての憲法草案まで決定していました。さらに、七月一七日には独立認容を正式に決定、八月一八日には独立準備委員会を発足させる予定でもありました。そうしたなか、八月一五日に日本は降伏、一六日には軍政監部の西村総務部長邸で、物別れに終わるスカルノ、ハッタらとの交渉がなされました。そして一七日未明、前田海軍武官邸で熱烈な討論の末、最終文案がまとまり、午前一〇時、スカルノの私邸で独立宣言が読み上げられたのです。

現在のバリ・カレンダーのなかには皇紀をのせているものがあります。たとえば、バンバン・スアルテ氏のカレンダーにはICHIGATSU 2673とみえます。曜日にも Nichiyobi, Getsuyobiという記載があります。日本統治の痕跡が今につながっているのもおどろきです。


【参考文献】

斉藤鎮男『私の軍政記』日本インドネシア協会、一九七七年。

鈴木恒之『世界現代史五 東南アジア現代史I 総説・インドネシア』（第V章）山川出版社、一九七七年。

総山孝雄『ムルデカ！インドネシア独立と日本』善本社事業部、一九九八年。

中牧弘允「メディアとしての暦―朝鮮・台湾・インドネシアにおける元号と皇紀」『関西学院大学社会学部紀要』一三〇号、二〇一九年。

2013年のバリ・カレンダーの一例

第12話 二〇一〇年の上海万博カレンダー

意識改革のおふれ

二〇一〇年五月から一〇月までの半年間、上海万博が開催されました。中国にとっては二〇〇八年の北京オリンピックにつづく国際的イベントであり、国威発揚の絶好の機会でもありました。一九七〇年大阪万博の六四二〇万人の入場者を越えることに最大の目標を定め、七三〇〇万人の数値を見事達成しました。といっても、日本の一〇倍以上の人口を有する国ですから、簡単に達成できそうなものですが、かなり必死でした。

　大阪万博が高度成長を象徴する祭典であり、日本人のライフスタイルに多大な変容をもたらしたように、上海万博も中国の経済発展を牽引し、中国人の行動様式にさまざまな影響をおよぼしました。上海万博のテーマは「城市、請生活更美好　Better City, Better Life（より良き都市、より良き生活）」でした。日本では万国博覧会（略称万博）とよばれますが、中国では世界博覧会（略称世博会、世博）として知られています。その万博は、一九九四年から、国威発揚や科学技術の発展を示す展示から、世界が直面する課題の解決に向けた展示へと舵を切りました。二〇〇五年の愛知万博（愛・地球博）が「自然の叡智」をテーマに世界の環境問題の改善に取り組んだのも、そのあらわれです。

上海は言うまでもなく、東シナ海に面する港湾都市です。現在、二四〇〇万人以上の人口をかかえる中国第二の都市ですが、歴史的には一九世紀以来、欧米列強や日本などの租界（外国人居留地）をもつ商業都市として発展しました。近年、浦東地区には近代的なビル群が建ち並び、急速な都市化に直面しており、都市問題を万博のテーマに掲げるにはふさわしい街に変貌しました。劣悪な環境下にあった旧市街から住民を郊外に移住させ、その跡地に万博会場を建設したのも、「より良い都市」をめざしてのことでした。

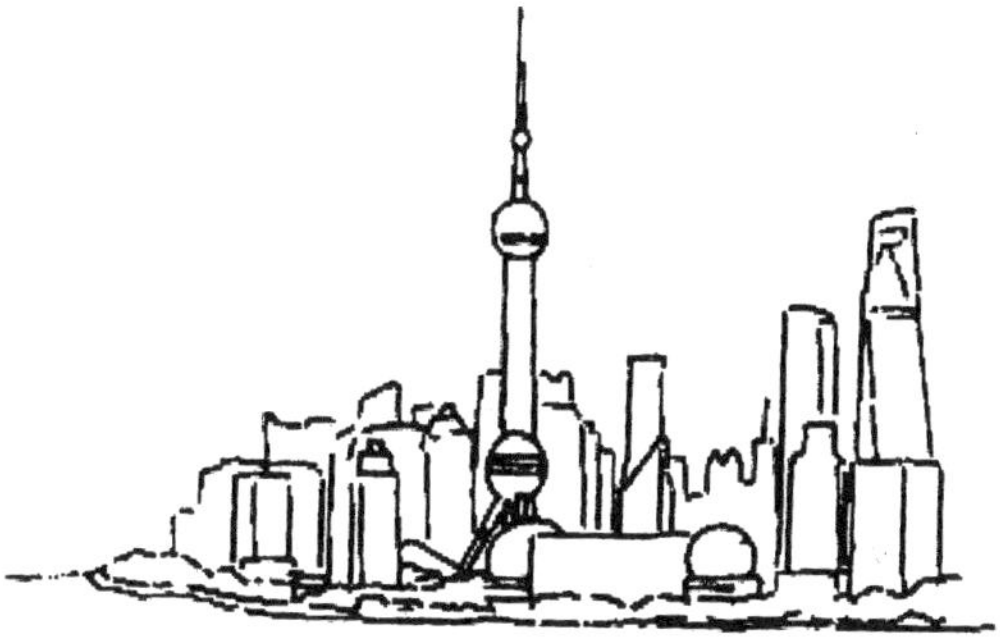

二〇〇九年から二〇一一年にかけて、わたしは何回も上海を訪れ、万博そのものと、その前後のありようについて調査をおこないました。その頃、「城市、請生活更美好」の標語は街中に氾濫し、マスコットの海宝（ハイバオ）がいたるところで微笑んでいました。あるとき、わたしはひとつの卓上カレンダーを古書店で見つけました。そこには上海万博のロゴマークと海宝のキャラクターがあしらわれ、「微笑的城市　満意的您」（微笑みの都市、満足しているあなた）の文字がおどっていました。

2010年上海万博時の卓上カレンダー表紙

目をひいたのは、毎月五日を窓口服務日、一五日を環境清潔日、二五日を公共秩序日と定め、その励行をうながしていたことです。上海にやってくる内外の観光客を意識してか、奥に引っ込んだままの冷たい客対応をやめ、窓口でのサービスにつとめ、ゴミを片付けたりして環境をととのえ、信号を守ったり、パジャマ姿で外出しないようにして、公共の秩序を維持するような運動がすすめられていたのです。

よく見ると、最下段に「虹口区商務委員会　虹口区迎世博

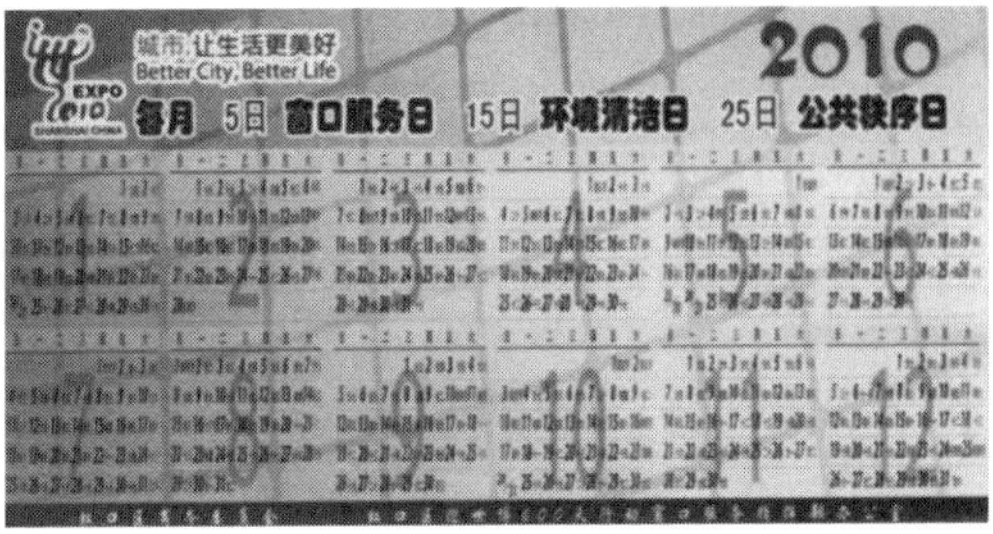

2010年上海万博時の卓上カレンダー

六〇〇天 行動窓口服務指揮弁公室」とあり、区の行政的指導であることがわかります。六〇〇天とは六〇〇日のことであり、万博（世博）を迎える六〇〇日間、委員会のもとにおかれた弁公室（事務管理部門）を拠点とし、キャンペーンを展開していたのです。

　虹口区が上海市のどこにあるか調べてみたところ、かつて日本の租界があったところでした。また、魯迅《ろじん》公園や魯迅記念館の所在地であることもわかりました。当時、日本の租界は「小東京」とよばれていました。ロサンゼルスの日本人町が**Little Tokyo**の異名をもつのとおなじ感覚だったのでしょう。上海の「小東京」は、東北大学に留学していた医学生魯迅が後年、文学活動の拠点としていたところです。

　二〇一〇年の上海万博を前にして、上海市民は表通りに洗濯物を干さないよう指導され、場所によってはリフォームを強いられました。上海でも虹口区が特に国際的マナーに意識が高かったのは、「小東京」のなせるわざだったのでしょうか。

第13話 上海万博の中国館をかざった暦

清明上河図と現代カレンダー

上海万博のカレンダーは、国立民族学博物館にも一点、収蔵されています。「世博有画Drawings in EXPO 2010」との題がつき、「中国金山農民画原創」とあることから、農民画の絵師によって描かれた、〝上海万博来たる〟であることがわかります。中国の農民画運動は一九五〇年代末からはじまり、全土に広がりましたが、上海近郊の金山は三大農民画の郷のひとつにかぞえられています。

表紙の構図をみると、万博会場の中国館と浦東地区のテレビ塔が描かれ、花火があがっています。これは一〇月分の絵画ですが、五月から一〇月までの万博開催期間はすべて、中国館を中心とする会場風景にいろどられています。さらに、だめを押すように、中国館の外観イメー

上海万博カレンダー 表紙

ジが表紙の四辺もかざっています。

中国館は、二〇一〇年の上海万博ではひときわ目立つ存在でした。一九七〇年大阪万博の実質的シンボルが太陽の塔だとすれば、上海万博のそれはまぎれもなく中国館でした。逆ピラミッドのような赤い建物は人気も高く、早朝に入場整理券を確保しなければ、その日の見学はあきらめざるをえないほどでした。

中国館の最大のお目当ては、清明上河図のCG展示でした。清明上河図は北宋時代（九六〇年～一一二七年）の首都、開封の清明節の様子を描いた絵画ですが（前頁黒板の絵参照）、それをデジタル化し、長さ一二八m、高さ六・五mの大きさに引き伸ばしました。しかも、人物や動物、あるいは船などの乗り物を一〇〇〇点あまりアニメーション化し、昼夜の区別をもうけ、一五分ぐらいの間隔で切り替えていました。清明は二十四節気のひとつで四月四日、五日頃にあたります。中国では清明節は先祖祭祀の日になっていますが、春たけなわの時節における都の繁栄ぶりを描いたものです。

展示・上海の家庭 1978年

同・上海の家庭 1988年

清明上河図の巨大インスタレーションを見た後、観客は現代の上海にいざなわれました。暦にかかわるところでは、家庭生活の変遷を実物資料で構成した展示がありました。そこでは一九七八年、一九八八年、一九九八年、二〇〇八年と、一〇年毎に家具や壁飾りを替えて時代の変化を追っていました。なぜ一九七八年かというと、おそらく同年にはじまった改革開放政策の意義を強調したかったからにちがいありません。上海はとくに家庭生活の近代化を牽引した都市でもありました。上海を例に「より良い都市、より良い暮らし」のテーマを演出したと言えるでしょう。そして当該年のカレンダーを壁に掛けることで、まさに「時代の証人」としての役割を担わせていました。

一九七八年のコーナーでは、横長の壁掛けカレンダーの横に若い夫婦の顔写真が黒い額縁におさまっていました。一九八八年になると、縦型のカレンダーの下にやはり縦長の冷蔵庫が置かれていました。卓上スタンドは、七八年の白熱灯から蛍光灯のそれに変わっていました。ミシンは相変わらず必需品でした。茶色の額縁には、白いウェディング・ドレスを着た花嫁だけがおさまっています。その隣には、家族の記念写真が一五枚ほど額に入れられていました。まさに核家族化を如実に示すものでした。整理ダンスの上には小型のテレビも置かれていました、

つぎの一九九八年になると、テレビは薄型になり、ステレオを楽しむようになっています。パソコンも机上に置かれ、卓上電気スタンドはアーム型になっています。机の脇にはガラス窓のついた書棚が壁に立てかけられています。その隣に、風景写真のカレンダーがありました。飾り棚もかなり立派になっています。書架と飾り棚をつなぐ棚には、洋装白装束の新郎新婦がおしゃれな白い額縁におさまっていました。

そして二〇〇八年のコーナーになると、リビング全体が応接セットとともに展示されていました。超薄型のテレビが壁面に据え付けられ、それに倍する大きさの抽象的な絵画が壁に飾られていました。書架はさらに豪華になり、ダイニング・テーブルもはなやかです。しかし、どこを探してもカレンダーは見つかりませんでした。もはや、カレンダーで美的環境をととのえる必要がなくなったかのようでした。日にちを知るのも、携帯やスマホで事足りるような時代になったのかもしれません。

第14話 ビジネス界の日中友好カレンダー

国際交流基金の日中友好カレンダーについては27話で紹介しますが、ここでは、民間企業のカレンダーをとおして、日中友好をさぐってみたいと思います。

まず、北京の中国国際図書貿易総公司というところが刊行した二〇〇八年のカレンダーを見てみましょう。国旗をシンボルに、中日友好を謳っているカレンダーです。表紙をはじめ各月の写真はすべて中国園林（中国庭園）とありますが、どこの庭園なのかは明示されていません。中国人には説明が不要かもしれませんが、日本人にも場所が特定できるよう配慮をしてほしかったと思います。

月表を開くと右側は日本、左側は中国のカレンダーです。中国のほうには農暦の日付と二十

2005年のカレンダー　表紙

（二枚とも中国国際図書貿易総公司刊行）

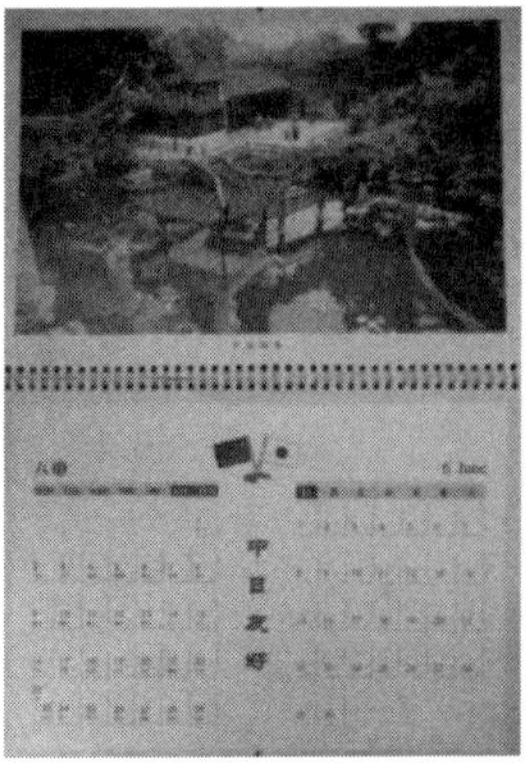

2008年のカレンダー

四節気が掲載されているのに対し、日本のほうには文字情報がまったくありません。ただ、国民の祝日だけが赤の数字になっていて、日本人にはわかりますが、中国人には不可解でしょう。中国の祝日についても説明はありません。中国人なら当然知っているからいいようなものの、不親切さはぬぐえません。中日友好にどれほど役に立つのか、ほとんど理解しがたいカレンダーです。

他方、おなじ中国国際図書貿易総公司がだした二〇〇五年のカレンダーは、西藏風光（The Tibet Scene）と銘打っていて、チベットをとりあげています。こちらは中国語と英語の対応となっていて、写真の解説も要領よくなされています。蔵暦（チベットの暦）の暦日表記も、チベット語の文字もありませんが、英語が加わることで国際的な貿易取引の関係者にはそれなりに好評だったかもしれません。

たとえば、一月と二月のふた月分の頁には、ポタラ宮の写真が添えてあります。吐《と》蕃《ばん》王朝にはじまる一三〇〇年の歴史を誇り、宮殿と城壁と寺院を兼ね備えた建物であって、世界文化遺産にも登録されていると解説されています。三年後の日中友好カレンダーがなぜ素っ気なくなったのか、不思議でなりません。

次に紹介するのは、日中の暦日を卓上カレンダー（二〇〇八年）の両面で、それなりに表現しているものです。発行元の大連偕楽園食品有限公司は、千葉県の木戸泉酒造と提携

大連偕楽園食品有限公司発行の
2008年卓上カレンダー

している日本酒代理店のようです。表紙には商品がずらりとならび、月ごとの商品の組み合わせにも工夫を凝らしたあとがうかがえます。

背景の写真は五月の藤棚など季節を意識したものですが、六月のものに五輪マークがあるのは、同年が北京オリンピックの年だったからです。すこしおもしろいと感じたことは、「中国二〇〇八農暦戊子年」に対し「日本国二〇〇八平成二十年」となっていることです。つまり、中国は西暦（中国では西紀）と農暦（太陰太陽暦）と干支の組み合わせなのに対し、日本は西暦と元号（年号）に特化していることでした。

さらにおもしろいと思ったのは、中国の月表には農暦と二十四節気が併記されているのに対し、日本のそれには六曜があてられていることでした。実は年号も六曜も中国起源ですが、中国では現在、それらをまったく使っていません。逆に、日本では干支年よりも元号、旧暦の日付よりも六曜のほうが幅をきかせています。そうした特徴が日中を対比することで浮かび上がってきました。

農暦がないと中国のこよみとは言えません。しかし、六曜がなくとも日本のカレンダーだと主張できます。むしろ、六曜のような暦注は正式には認められていないものです。また、旧暦も日本では法的に廃止されています。他方、中国では西紀と農暦は双方とも正式に採用されているのです。

いずれにしろ大連の酒屋さんの卓上カレンダーは、中国人の顧客にも日本人の駐在員にも過不足なく使ってもらえそうです。日中友好にどれだけ貢献しているかはわかりませんが、すくなくとも、中国で生活する日本人にはたいへん使い勝手の良いカレンダーではないでしょうか。なんとなれば、国慶節や農暦のみならず、大安や仏滅も入っているのですから。

【参考文献】

中牧弘允「カレンダーに問う日本の国際交流」(討論を含む)『Peace and Culture』九(一)五六〜六九頁、青山学院大学社会連携機構国際交流共同研究センター、二〇一七年。

第15話 ブラジル移民史と聖句対応のカレンダー

六月一八日は「海外移住の日」です。一九〇八年、七八一名の移民を乗せ、神戸を出航しブラジルに向かった移民船笠《かさ》戸《と》丸《まる》がサントス港に到着した日を記念するものです。一九六六年、総理府（いまの内閣府）が制定し、国際協力事業団（いまの国際協力機構）が実施し、現在にいたっています。

　ブラジルに渡った日本人はおよそ二五万人を数え、日系人口は現在二〇〇万人と推定されています。ブラジルはアメリカと並び、海外最大の日系人コミュニティを形成しています。また、一九九〇年代に急増したいわゆる「デカセギ」のなかでも群をぬいているのが、ブラジルからの人びとです。

二〇〇八年、ブラジル日本移民の一〇〇周年

日伯司牧協会の2006年カレンダー

を迎えました。記念行事とは別に、ブラジルでは百年史編纂の事業がはじまり、日本でも、旧神戸移住センターの再整備に着手したりしました。そのなかで、カレンダーの世界においても注目すべき動きがみられました。

　というのも、カトリックの日伯司牧協会がブラジル移民百周年に向けて、二〇〇六年にひとつのカレンダーを発行したからです。それはサンパウロの東洋人街リベルダージで、一三レアル（約七八〇円）で売られていました。ふんだんに使われている写真は、ブラジル日本移民史料館から借用したものです。わたしの目をひいたのは、移民史に焦点を合わせたメッセージが日本語とポルトガル語で盛りこまれていたことです。レオナルド・マツオ日伯司牧協会会長はこう述べています。

「ブラジルへの日本移民百年（二〇〇八年）に先立って、今年は古い写真を見ながら、年間を通じてブラジルへの移民の旅を追って見たいと思います。コーヒー農園での労働、原始林の伐採、植民地、学校、…等など。私たちの先駆者たちの歴史に基づきながら、各頁に聖書の言葉を日伯両語で掲げました」

どの教団も、どの日系団体も、百周年の二年前には移民百年を記念するカレンダーを発行していませんでした。そのため、目立ちもし、評判もすこぶる良いものでした。とりわけ、月を追うごとに移民の歴史をたどれるように工夫したこと、またそれに対応して聖句が選ばれていることに感銘しました。たとえば、一月は次のようになっています。

一月　一九〇八年六月一八日、かさと丸は最初の移民七八一名と共にサントスに入港した。長い二ヵ月の航海中、単調な生活の中で子供たちの初等教育も行われた。下船してから汽車でサン・パウロの移民収容所に向かい、そこでコーヒー農園への配耕を待った。

〈**聖句**〉あなたは生まれた故郷を離れて私が示す地に行きなさい。（創世記一二：一）

日本人移民史と聖句を対応させることにより、歴史体験の宗教的理解をねらっていることがうかがえます。言い換えれば、ブラジル移住が宗教的レトリックで再解釈されているのです。ちなみに、二月と一二月は次のとおりです。

二月　短期に財を成して、故郷に錦を飾るという最初の夢はコーヒー農園での苛酷な労働の中で次第に消えていった。

〈聖句〉広々とした素晴らしい土地　乳と蜜の流れる土地に導く。（出エジプト三〇：八）

一二月　この土地は「植えれば何でもできる。」キャベツ、ジャガイモ、バナナ、平和も兄弟愛も……住み良いところだ！

〈聖句〉私の造る新しい天と新しい地が私の前に永く続くように。（イザヤ六六：二二）

日本人移民のブラジル移住、コーヒー農園での契約労働、みずからの力による植民地の建設、綿の収穫、新しい家庭のいとなみ、スポーツ、日本人会館や日本語学校の設立、天皇誕生日の祝賀会、映画や皇族のブラジル訪問による日本との絆の確認等々。これらのトピックが歴史的系列でならび、移住先の讃美で締めくくられています。古いセピア色の写真が喚起する追憶のイメージ、移民史の流れ、そしてそれを聖句とむすびつけて記憶させる製作者の意図がうかがわれます。移民史の解説に宗教色はなく、皇室へのおもいを含め、ひろく移住者一般の心情と通じるものがあります。しかも、聖句を引用することにより、移住体験に聖なる意味が付与され、定住に祝福があたえられているのです。優れもののカレンダーといっていいと思いました。

第16話 南米の真宗カレンダー
東・西の宗派を超えて

前回はブラジルのカトリック教会の、日系人向けカレンダーを紹介しました。今回は、ブラジルをはじめとする南米における仏教徒向けのカレンダーを取り上げてみます。日本の宗教教団は三〇あまりブラジルに進出していますが、そのすべてが独自のカレンダーを信徒に頒布しているわけではありません。伝統仏教では、浄土真宗の東本願寺と西本願寺が、それぞれの宗派を超えて統一カレンダーをくばっていることが注目されます。

それは「法語カレンダー」とよばれるもので、真宗教団連合のもと南米支部でも毎年発行されています。真宗教団連合には、西本願寺や東本願寺を筆頭に真宗一〇派が参加しています。南米の使用言語は日本語、ポルトガル語、スペイ

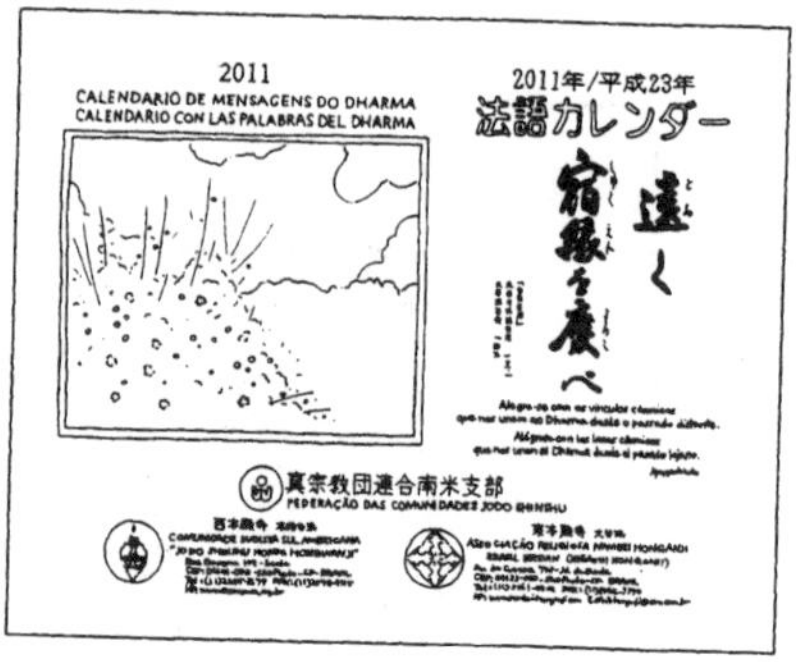

法語カレンダー（2011年）の表紙

ン語の三つです。ブラジルがポルトガル語、それ以外の国々ではほぼスペイン語が主要言語となっているからです。

二〇一一年のカレンダーの表紙を飾る法語は、親鸞の『教行信証』からとられた一節「遠く宿縁を慶べ」でした。ポルトガル語とスペイン語の訳を見ると、「遠く」は「遠い過去からの」という意味になっています。日本から距離が遠いというふうに理解する人もいるかもしれません。

裏表紙には「法語について」という解説があり、こちらは日本語とポルトガル語だけが載っています。

そのとなりには、「写真について」と題した写真家による解説があります。それによると、表紙の写真は親鸞生誕の地、京都は伏見の日野の里の写真です。一月からの写真もすべて、親鸞の生涯をたどるゆかりの地の写真で構成されています。他方、毎月のカレンダーの頁にある法語は日本語・ポルトガル語・スペイン語が併用され、出典が記されているものもあれば、そうでないものもあります。中興の祖、蓮如《れんによ》上人の言葉も選択されていますし、有名な教学者、清沢満之《きよざわまんし》の名前もみえます。共通のテーマは「生きる」です。

毎月のカレンダーには、日本語とポルトガル語で行事予定がのっています。日本語は日付の欄に、ポルトガル語は月表の欄外にあります。東（Higashi）と西（Honpa）に区別されているのは、十派と言いながら主流は二派だからです。月表には月の満ち欠けも四種類記載され、いかにも南米風のレイアウトになっています。下の欄外には、旅行会社のアルファインテルとツニブラの広告がのっています。日系旅行会社の代表格が真宗寺院の訪日参拝を取り扱っていることがうかがえます。現に、一頁はその広告で占められていました。

真宗教団連合の南米支部は一九九〇年代の初頭に設立され、東と西が毎年交代でカレンダーを編集していましたが、調査時の二〇〇八年頃は、二年交代になっていました。翻訳は、二〇〇六年三月までは東本願寺の真宗教学研究所が担当していました。発行部数は一七、五〇〇部で、印刷はサンパウロの日系雑誌社 **Bumbá** 社が受注していました。頒布価格は三レアル（当時、約一八〇円）でした。

法語カレンダーのほかにも、めずらしいカレンダーがありました。二〇〇二年の真宗大谷派東本願寺南米開教区「南米開教五〇周年記念」のカレンダーです。万年日めくり型で、日本語・英語・ポルトガル語・スペイン語が使用されていました。真宗関係の親鸞、蓮如、教学者、信徒に混じって、ルターやパスカルの名文句も挿入されていました。ルターは「死

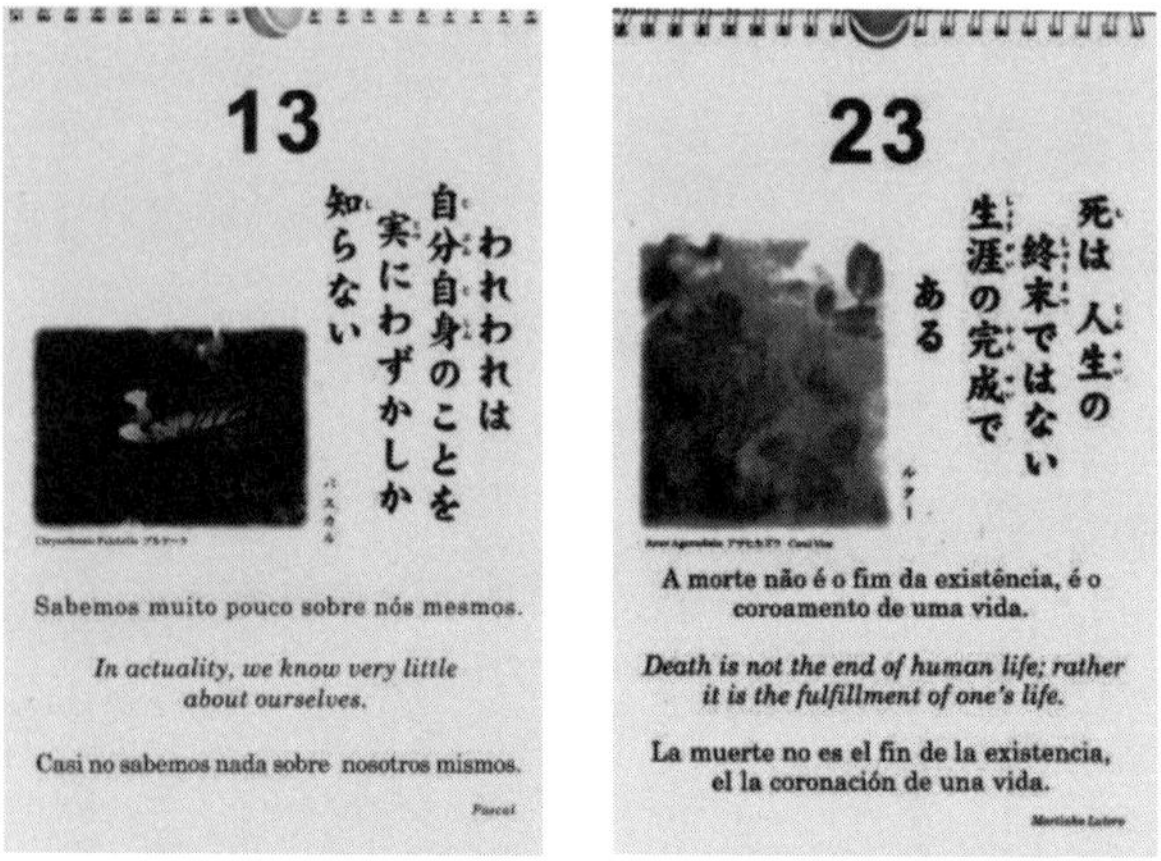

真宗大谷派の南米開教、50周年記念のポスター
（国立民族学博物館所蔵）

は人生の終末ではない　生涯の完成である」と語り、パスカルの文言からは「われわれは自分自身のことを実にわずかしか知らない」が採用されていました。このカレンダーは手元にはなく、国立民族学博物館のアメリカ展示場の暦コーナーに陳列されています。

東本願寺といえば、二〇二〇年七月一日、門首の座が大谷暢顯《ちょうけん》師（第二五代）から大谷暢裕《ちょうゆう》師（第二六代）に継承されました。新門首は、父が南米開教区の開教使となったのにともない、一歳の時に渡伯し、長じてサンパウロ大学から物理学の博士号を取得しています。日常会話や読み書きは日本語よりポルトガル語のほうが得意、という異色の存在です。

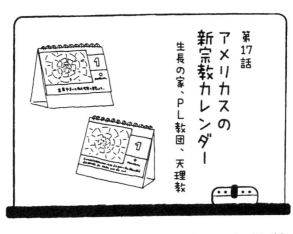

第17話 アメリカスの新宗教カレンダー

生長の家、ＰＬ教団、天理教

今回は、アメリカス（アメリカ大陸）で日系新宗教が信者向けに発行しているカレンダーを紹介することにしましょう。日本で誕生した新宗教のうち、海外でそれなりの教勢をほこっているのは、創価学会、世界救世教、崇教真光、生長の家、ＰＬ教団、天理教、霊友会、立正佼成会などです。とくに最初の五つの教団は、非日系人の信徒が九割以上を占めていることに特徴があります。他方、天理教、霊友会、立正佼成会は、日系人がいまでも中心です。

日本の生長の家は、三一枚からなる万年日めくりを長年にわたって発行してきました。それは毎年更新され、会員がみずから使用するだけでなく、布教用にも活用されています。日本の日めくりをアメリカでは英語に、ブラジルではポルトガル語に、そしてペルーなどのスペイン語圏用にはスペイン語に翻訳して、独自に発行しています。ただし、日本の前年の内容がそっくり踏襲されています。二〇〇六年の英語版では、「一日」には初代総裁・谷口雅春の次のような言葉が採用されていました。

わが家《いえ》は「神の子」の住居《すまい》であり、「神の家《いえ》」である

My home is the dwelling of children of God and the Home of God.

谷口雅春著『聖経版　真理の吟唱』からとった日本語の解説文が添えられていました。これはもっぱらアメリカ在住の日本人信徒向けで、英語訳は付いていませんでした。

他方、ポルトガル語の二〇〇二年版の「一日」では、次の文章が採択されていました。

生長の家カレンダー
(ポルトガル語)

Esqueça o passado e viva o agora.（「過去を忘れ、現在を生きなさい」の意）

それにはポルトガル語の解説が付いているだけです。このように、アメリカとブラジルでは、信徒構成が対照的であることが如実にわかります。

二〇〇六年版のブラジルPL教団の万年日

ブラジルＰＬ教団のカレンダー

めくりには、壁掛けと卓上の二種類がありました。また日本語版とポルトガル語版があり、信者がつかうと同時に、友人や会社仲間、あるいは顧客に対するクリスマス・プレゼントになっていました。一一月にはすでに発行され、三・五〇レアル（約二一〇円）で販売されていました。一〇万部が印刷され、そのうち四万部が花で、六万部が虫の写真でした。

ここでも、日本の教団本部で作成したものをポルトガル語に翻訳していました。二〇〇二年版の日めくり第一日目は、次の文言が採用されています。

世界平和はわれわれ次第と自覚しよう。

Conscientizemo-nos de que a Paz Mundial depende de cada um do nós.

教祖・教主の著作から引用しているわけではありませんでした。

二〇〇六年版の天理教カレンダーは、天理教本部（天理市）の祭典写真が使用されていました。紙面トップには「真の自由は各自の心の誠にある」という標語があり、その下に

1
Tsukihi começou a criar os seres humanos por desejar ver o viver alegre e feliz.
Ofudessaki XIV-25
月日にわ
にんけんはじめかけたのわ
よふきゆさんが
みたいゆへから
おふでさき　14号25

ブラジルで発行された天理教のカレンダー

Ano169RD と見慣れない活字がならんでいました。これは立教一六九年の意で、ＲＤは **Revelação Divina**（天啓）をあらわし、ＡＤ（キリスト生誕紀元）ならぬ教団独自の紀年法を使用していることにおどろきました。日付の下には赤でブラジルの祝日をかこみ、天理教の大祭には黄色をあて、ポルトガル語でその名称を記載しています。ブラジル風に月の満ち欠けの四つの印があり、下段の欄外には「『おぢばがえり』はツニブラでどうぞ」やＪＡＬなどの広告が載っています。「おぢばがえり」は、天理教の本部（奈良県天理市）の神殿に参拝に行くことで、「ツニブラ」はブラジルに本社のある旅行会社です。

もう一点、制作年が不詳の万年日めくりがあります。「陽気日めくり」と称し、ブラジル伝道庁の写真を載せたひと月分の「日めくり」です。一日目のところをみると、「空から見たおやさと」の写真とともに、聖典「おふでさき」の次の一節が日ポ両語で載っています。

月日にわ　にんけんはじめかけたのわ　よふきゆさんが　みたいゆへから　（おふでさき　一四号二五）

Tsukihi começou a criar os seres humanos por desejar ver o viver alegre e feliz. (Ofudesaki XIV-25)

「おふでさき」（一一日分）以外には、「みかぐらうた」（一〇日分）と「おさしづ」（一〇日分）から日ごとの文言がとられています。

新宗教のカレンダー（日めくり）の場合、とくに教えの浸透がはかられていることに第一の特徴があります。第二として、いずれも日本の本部との連携によって発行されていますが、イニシアティブは断然日本側にあり、アメリカス側は現地適応をはかるという役割をになっていることがあげられます。

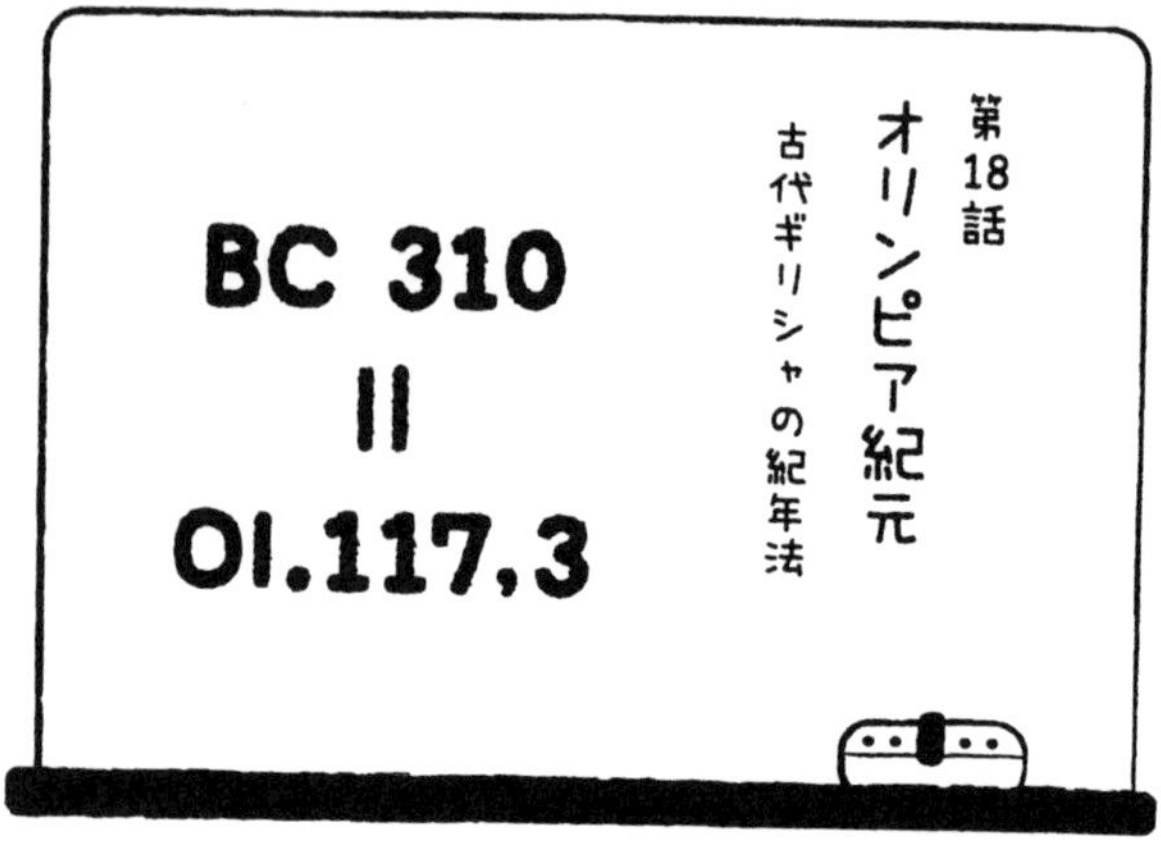

　夏季オリンピックは、四年に一度ひらかれるスポーツの祭典です。古代ギリシャに起源があり、近代オリンピックは、クーベルタン男爵の提唱により一八九六年にアテネではじまりました。しかし、オリンピックと関係する暦法が古代ギリシャ・ローマでひろく使用されていたことは、あまり知られていません。それは紀年法にかかわり、オリュンピア紀元（以下、オリンピア紀元）と呼ばれています。四年周期のオリンピア紀（オリンピア期、オリンピアード）という言い方もあります。

　オリンピア紀元は、ＢＣ七七六年七月八日に開催されたオリンピック競技会を紀元とする紀年法です。この競技会はペロポネソス半島の西北部、エリス地方のオリンピアではじまりました。そしてＡＤ三九三年に廃止されるまで四年毎に二九三回、一一六九年の長期にわたって続けられました。それは古代ギリシャの主神ゼウスにささげられる祭典競技であり、四大祭典のなかでも最大級の規模をほこりました。廃止の直接の理由は、キリスト教がローマの国教となり、ゼウスの祭祀が異教とみなされるようになったからです。

オリンピアでの最初の競技は一九二・二七ｍ（ヘラクレスに由来する六二〇フィート）の短距離走でした。その長さをスタディオンと呼び、それが競技場＝スタジアムの語源になりました。後にはその走路を往復する競走やレスリング、また走り幅跳び、槍投げ、円盤投げなどが加わりました。会期も、当初の一日から最盛期には五日間になりました。優勝者にはゼウスの神木オリーブの枝で編んだ冠が与えられ、その彫像がオリンピアに建てられました。

では、どのように暦年を記していたかを紹介しましょう。そもそも第一回オリンピックを基点とする四年周期の数え方では、たとえばＢＣ三一〇年はオリンピア紀一一七回第三年と数え、Ol. 117. 3と記しました。「Ol.」は大文字のオー（O）と小文字のエル（l）にドットで、オリンピアの略です。

それとは別に、アテネやスパルタ、あるいはローマでは重要な役職に就いた人の一覧表がつくられ、年を特定していました。それらの役職のなかで、アテネではアルコン、スパルタではエフォロス、ローマではコンスルが代表的なものでした。その一方、ＢＣ五世紀末にはオリンピック競技の優勝者のリストも作成され、暦年を定めるときに併用されていました。

たとえば、アケメネス朝ペルシャのクセルクセスが軍を率いてＢＣ四八〇年にギリシャに侵攻しました。その年のことを、歴史家ディオドロスは次のように記しています。

歴史家 ディオドロス

> アテネにおいてカリアデスがアルコンのとき、ローマ人たちがスプリウス・カッシウスとプロクルス・ウェルギウス・トゥリコストゥスをコンスルに選び、エリス人たちのもとでシュラクサのアストゥロスがスタディオン競走で優勝した第七五回オリュンピア競技会の年

このような表記から、アテネとローマで最も重要な役職に就いていた人物名とオリンピック短距離走の勝者の出身地名と個人名が、オリンピアードの回数とともに併記されていたことがわかります。

いまでも夏季オリンピックの正式名称は、オリンピアード競技大会（**Games of the Olympiad**）です。しかし、第一回アテネ大会の一八九六年が一般の暦で紀元に使われることはありません。また、現代のオリンピアードは西暦一月一日にはじまり、四年後の一二月三一日に終了します。それも、古代のオリンピアードが七月八日を基点にしていたこととは異なっています。

ところで、二〇二一年の東京オリンピックは、BC七七六年から数えて第七〇〇番目の（古代）オリンピアードにあたることが指摘されています。というのも、西暦〇年は存在しないため、古代と近代のオリンピアードには一年のズレがあったのですが、コロナ禍による一年延期で、はからずも是正される結果になったからです。しかも、四〇〇年に一回の「キリ番」（切りの良い番号）という巡り合わせであることも、おもしろいと思いました。

【参考文献】

島田誠「古代ギリシャ・ローマの紀年法」岡田芳朗ほか編『暦の大事典』朝倉書店、九〇〜九四頁。二〇一四年。

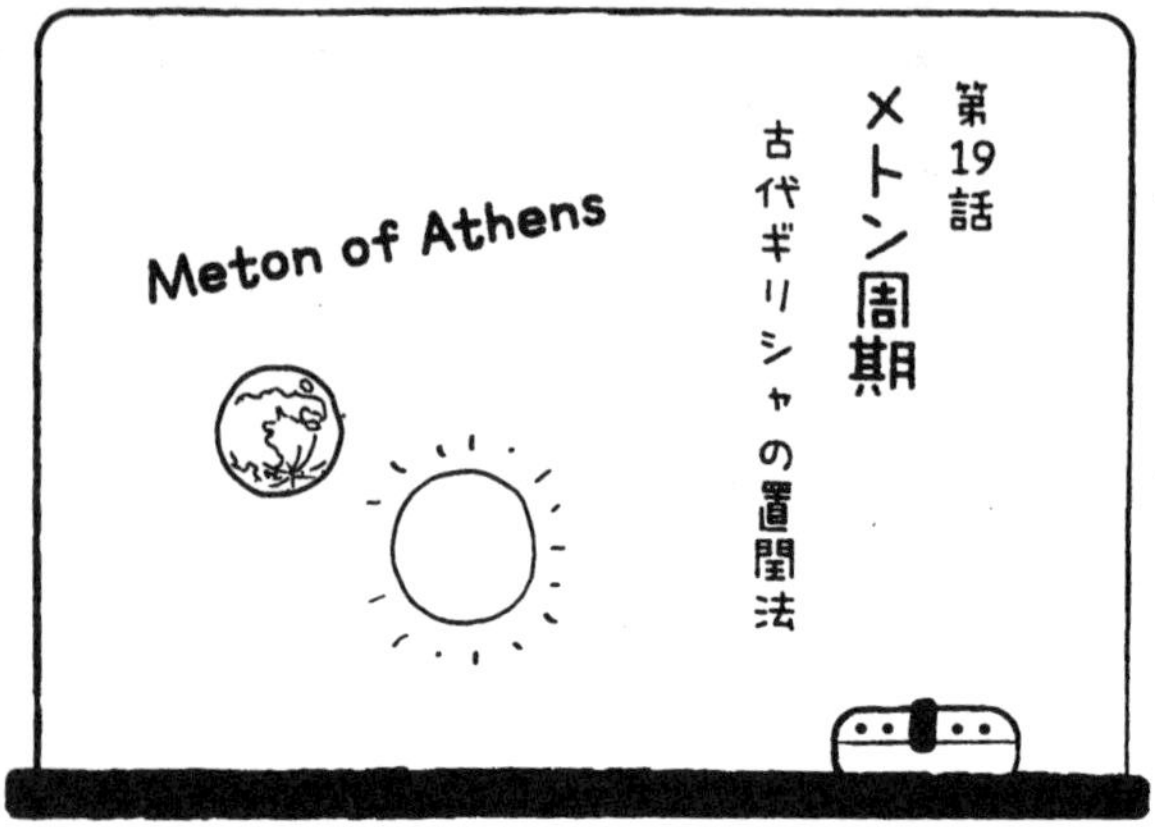

古代ギリシャの暦は太陰太陽暦でした。バビロニアからの影響が考えられますが、その確証は得られていません。はっきりしているのは、アテネやスパルタをはじめとする多数の都市国家（ポリス）が併存し、それぞれに異なった暦を使用していたことです。

ポリスはBC八世紀の半ばには成立していたようで、同じ頃、フェニキア文字を借用してギリシャ文字がつくられました。その文字でホメロスの有名な叙事詩『イリアス』と『オデュッセイア』が書かれました（同一作者かどうかについては疑問視されています）。文字を共有することでギリシャ人という同胞意識をもつようになったとおもわれますが、統一国家や共通の暦はつくられませんでした。

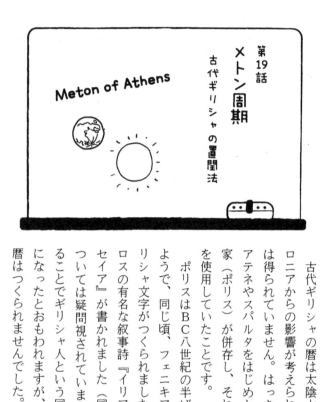

月の名称や新年の時期も、暦によってまちまちでした。太陰太陽暦は月と太陽の運行を調整した暦法ですが、その要となっているのが置閏法《ちじゅんほう》です。古代ギリシャでは、ＢＣ四三三年にメトン（メトーン）という天文学者が、一九太陽年に七回閏月を入れると季節と暦のズレが解消することを発見しました。発見とはいっても、実際には、バビロニアの実践例から考案したのではないかと推測されています。メトン周期の起算日は、ＢＣ四三二年六月二七日です。それを計算式で示すとすれば、下のようになります。

つまり、おなじ月日におなじ月の位相が見られるという周期です。「一九年七閏」ですが、メトンの名前をとってメトン周期、あるいはメトン法と呼ばれています。その後ＢＣ三三四年に、ギリシャでは天文学者カリポスが、メトン周期を四倍にして修正したところの七六太陽年＝九四〇朔望月＝二七七五五九日という周期を提案し、ＢＣ三三〇年に採用されました。またＢＣ一二五年頃、天文学者のヒッパルコスが、カリポス周期をさらに四倍して一日を差し引くと

19太陽年　365.242194日×19年=6939.601686日・6940日

235朔望月　29.530589日×235月=6939.688415日・6940日

235朔望月　29日(小の月)×110月+30日(大の月)×125月=6940日

閏月の回数　235朔望月=19太陽年×12朔望月+7閏月

いうヒッパルコス周期を考案しました。これは三〇四年間に一一二回の閏月を入れる置閏法ですが、実際には用いられませんでした。

しかし、これで問題がすべて解決したわけではありません。なぜなら、いつ閏月を入れるかについては原則が確立していなかったからです。アテネではそのときどきのアルコン（筆頭役人）の判断にゆだねられることもあれば、民会の動議によって決定されることもありました。

このように月名も異なり、閏月の入れ方もまちまちで、統一した暦が存在しない状態で年月日はどのように記されていたのでしょうか。アテネの歴史家ツキジデス（トゥキュディデス）は、スパルタとの和平条約の発効日について、次のように書いています。

ラケダイモーン（都市名）ではプレイトラース（人名）の監督官任期年

アルテミシオス月二七日、

アテネ（都市名）ではアルカイオス（人名）の執政官任期年

エラフェーボリオン月二五日とする

ここから、アルカイオスがアルコンであったBC四二一年の春ということが導き出せる

ヒッパルコス

そうです。また月名がちがうだけでなく、おなじ太陰太陽暦でも月日が異なっていたことがわかります。それはともかく、何ともまどろこしい日付になっています。

メトン周期にあたるものを、中国では章法と呼んでいました。一九年を一章とし、その周期に七回閏月を置いていました。漢初、四分暦の一種である顓頊《せんぎょく》暦でも章法が採用されていました。四分暦という名称は、一太陽年を三六五日と四分の一にするところに由来しています。そして、一朔望月は基本的に下のように定められていました。

$$365\frac{1}{4}\times 19\div 235=29\frac{499}{940}$$

ただし、章法はあくまでも近似的なものであり、一九太陽年は二三五朔望月＝六九四〇日より少し短く、のちに章法を破棄するという意味で「破章法」とよばれる、より厳密な周期が考案されていくことになりました。

【参考文献】

内田正男『暦と時の事典』雄山閣。一九八六年。
桜井万理子「古代ギリシャの暦」岡田芳朗ほか編『暦の大事典』朝倉書店、九四～一〇二頁。二〇一四年。

第3章　機関のつくるカレンダー

博物館や美術館は所蔵コレクションをもとに毎年カレンダーを製作しています。日本を代表するミュージアムのカレンダーとして京博、奈良博、民博などを俎上にあげます。また外務省、国際交流基金、国際協力機構が発行しているカレンダーを通してわが国の文化戦略の実態を探ります。

第20話 ミュージアム・カレンダー①

日本科学未来館

日本科学未来館は、宇宙飛行士の毛利衛さんが館長をつとめるミュージアムです。博物館や美術館はカレンダーの製作母体であることが、洋の東西を問わず言えると思います。そこで、このシリーズの初回にえらんだのは、日本科学未来館の巻物カレンダーです。なぜ巻物になっているかというと、地球の歴史四六億年を三六五日の長さにおさめているからです。つまり、一月一日が四六億年前であり、一億年は約八日であらわされ、現在は一二月三一日の二四時という設定です。

　この長さ三m弱の巻物カレンダーには絵もついているので、絵巻物と称してもまちがいではありません。ただし、英語の月名やアラビア数字をつかっているため、左から右に広げて見て

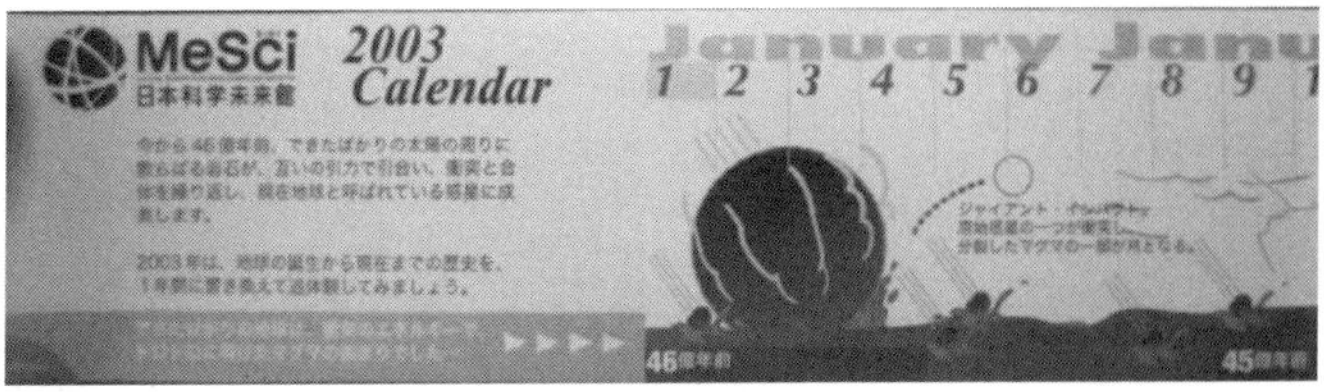

日本科学未来館の2003年カレンダー①

いくので、ふつうの絵巻物とはひらく方向が逆となります。また、紙の外側に絵や文字が印刷されているので、内側に巻き込む従来の絵巻物とは異なっています。

一月　五日～六日＝ジャイアント・インパクト。原始惑星のひとつが地球に衝突し、分裂したマグマの一部が月となる。二四日頃から＝海洋の誕生。微惑星の衝突が減ってくると、地表の温度は下がり、たちこめていた水蒸気が強い酸性の雨となって降ってくる。

二月　九日から＝青空の誕生。大気中のCO_2が海水に溶け込んだことで大気圧が低下し、空が晴れ上がった。一九日から＝プレートテクトニクスが働き出し、プレートが沈み込む海溝に沿って無数の弧状列島が噴煙を吐いた。二三日から＝生命の誕生。四〇億年前。

三月　初旬から＝プレートテクトニクスの働きで、無数にあった島が衝突、合体を繰り返し、徐々に大きさを増していった。下旬から＝深海底では熱水が噴き出し、バクテリアが活動を開始した。

四月　下旬＝陸地は大きなかたまりとなっていった。

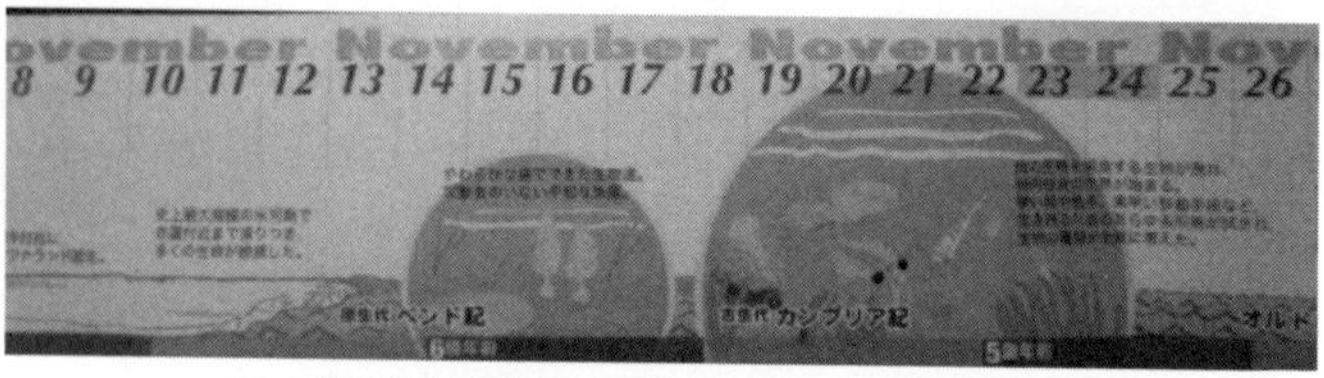

日本科学未来館の2003年カレンダー②

五月　中旬＝陸地が大きくなるにつれ、プレートの運動が衰退し、最初の氷河期がおとずれた。二九億年前。下旬＝陸地は小大陸になった。

六月　初旬＝磁場の発生。強い地球磁場の発生は、危険な宇宙線から生命を守るバリアとなった。そして、浅い海の底に、酸素発生型の光合成をするシアノバクテリアのコロニーが発生し、日光を利用して酸素の発生が盛んにおこなわれた。中旬＝酸素は海中の溶けた鉄分と反応し、海底に酸化鉄の膨大な堆積物をつくった。下旬＝酸素は大気中にも広がりはじめ、大気中の酸素の比率が急速に増えはじめた。他方、プレートの運動が弱まり、長い氷河期がはじまった。

七月　初旬から中旬＝酸素の増加につれて、ＤＮＡを酸化からまもるために、二重の細胞膜をもつ生物が現れた。中旬＝内側の細胞膜は細胞核となる。最古の真核生物クリパニアが登場した。下旬＝光合成するシアノバクテリアを細胞内に取り込んだものは後に植物となる。大気中の酸素濃度が一五％と、現在の約二〇％に近くなった。

八月　上旬＝世界の大陸の八〇％以上が集まった（超大陸ヌーア）。中

日本科学未来館の2003年カレンダー③

旬＝超大陸ヌーアは分裂し、それぞれの大陸は互いに離れていく。下旬＝離散した大陸は別の場所で再び集まり衝突し、新たな大陸を作り上げる。

九月　超大陸の生成、分裂、発散、合体、次の超大陸の生成という大きなサイクルが継続する。

一〇月　中旬＝超大陸ロディニアが形成された。この頃に多細胞生物が出現した。下旬＝超大陸ロディニアが再び分割をはじめた。

一一月　上旬＝海水がマントルに流れ込み、海水面が大きくさがり、陸地の面積が増え、海水が塩水となった。上旬〜中旬＝南太平洋に超大陸ゴンドワナランド誕生。史上最大の氷河期。多くの生命が絶滅。一四日〜一七日＝原生代ベンド紀。一八日〜二四日＝古生代カンブリア紀。捕食生物の出現。生物種の急増。二四日〜＝オルドビス紀、シルル紀、デボン紀。オゾン層の形成。コケ類の発生。両生類の上陸。

一二月　四日〜八日＝石炭紀。地上は大森林で覆われ、大形の昆虫が栄えた。超大陸パンゲア。八日〜一三日＝ペルム紀。超大陸パンゲアが分裂し、火山活動が激化。酸欠状態で史上最大の大量絶滅。一四日〜一五日＝中世代三畳紀。一六日〜一九日＝ジュラ紀。二〇日〜二七日＝白亜紀。巨大な隕石が地球に衝突。恐竜は絶滅し、哺乳類が繁栄をはじめた。一億年前。二七日〜三一日＝新生代第三紀。第四紀。三一日に猿人。人類が宇宙へ。

地質年代を一年の月日で表示したカレンダーは、地球の歴史を頭にたたき込むのに便利です。就活中の学生なら、最初の氷河期が訪れたのは五月中旬で、長い氷河期は六月下旬からはじまり、超氷河期は一一月の中旬であると記憶するかもしれません。一二月の一三日は生物の大量絶滅がおこった、超縁起の悪い日とおぼえておくこともできます。また、春の彼岸過ぎに生命が誕生し、陸上生物の誕生は勤労感謝の日の直後と記憶しましょう。ジュラ紀と言えば恐竜ですが、恐竜の誕生は一二月の中旬、その絶滅はクリスマス明けとなります。そして猿人は大晦日にならなければ出現せず、ホモ・サピエンスとなると二三時四九分だそうです。

人類の歴史を過大評価しそうなとき、このカレンダーは役に立ちそうです。

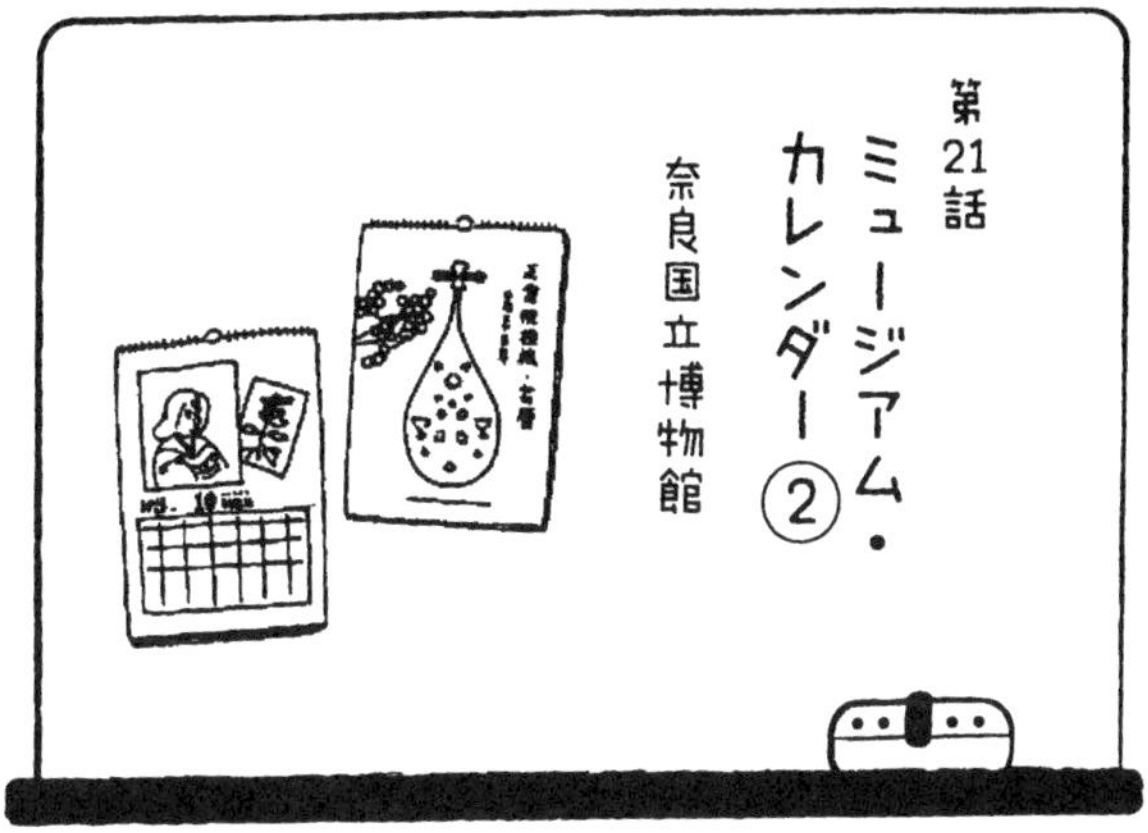
第21話
ミュージアム・カレンダー②
奈良国立博物館

秋に行きたい奈良の観光スポットはどこでしょうか。ネットおすすめの場所には、奈良公園をトップに、東大寺、興福寺、平城宮跡、薬師寺、法隆寺、信貴山、葛城高原、曽爾《そに》高原などがリストアップされています。奈良公園の名物のひとつとして、鹿の角切りへの言及も見られます。しかし、肝心なことを忘れてはいないでしょうか。奈良の秋に欠かせない風物詩の場所を。それは奈良公園に立地する奈良国立博物館（奈良博）で毎年開催される正倉院展です。

二〇一九年の正倉院展は、一〇月二六日から一一月一四日まで、七一回目を数え、御即位記念と銘打っています。四一件の宝物が展示され、そのうち四件は初出陣ならぬ初出陳だそうです。天皇陛下の即位を記念し、宝庫を代表する宝物としてならべられるものには、「天平美人」で知られる鳥毛立女屏風《とりげりつじょのびょうぶ》や紫檀金鈿柄香炉《したんきんでんのえごうろ》が含まれています。この両者は珠玉の名宝としてチラシにも画像が載っています。

わたしの手元にある奈良博の一二枚物の壁掛けカレンダーにも、このふたつは採用されています。表紙には「正倉院模様・花暦」とあり、平成二五（二〇一三）年に販売されたものです。表紙の正倉院模様は螺鈿紫檀琵琶《らでんしたんびわ》の背面を模したもので、花暦としては紅梅の絵が添えられています。これは一月（睦月）の絵柄の組み合わせとおなじです。

ちなみに、一月から一二月までの組み合わせは左記のとおりです。

〈月〉	〈正倉院模様〉	〈花暦〉
一月（睦月）	螺鈿紫檀琵琶・紅牙撥鏤撥	コウバイ
二月（如月）	赤地鴛鴦唐草文錦大幡脚瑞飾	サザンカ
三月（弥生）	紅牙撥鏤棋子・紺牙撥鏤棋子	モクレン
四月（卯月）	紫檀木画槽琵琶・花喰い鳥	ソメイヨシノ
五月（皐月）	平螺鈿背八角鏡	クサイチゴ
六月（水無月）	紅牙撥鏤尺	ヤマホタルブクロ
七月（文月）	黄金瑠璃鈿背十二稜鏡	キンシバイ
八月（葉月）	螺鈿紫檀阮咸部分	ノハラアザミ

正倉院のカレンダー（2013）の表紙（螺鈿紫檀琵琶の背面の模写）

九月（長月）　瑇瑁螺鈿八角箱　トリカブト
一〇月（神無月）　鳥毛立女屏風　ツリフネソウ
一一月（霜月）　紫檀金鈿柄香炉　サザンカ
一二月（師走）　螺鈿紫檀五弦琵琶背面・正面　ニシキギ

カレンダーの鳥毛立女屏風は、六曲一隻のうちの第四扇を模したものです。「樹下美人図」の構図はペルシャで流行し、唐を経て日本に伝えられました。本来、山鳥の羽毛が貼ってあったところから、鳥毛立女と称されています。伝来品ではなく、わが国で描かれた屏風です。二〇一九年には、二〇年ぶりに六扇がそろって出陳されました。他方、紫檀金鈿柄香炉は仏具の香炉ですが、紫檀の柄に金鈿をほどこした豪華なものです。

奈良博のカレンダーは、宝物だけでなく、花暦をあしらって季節感をだそうとしています。そればかりか、地の色も一月・二月は濃いピンク、三月・四月は淡いピンクというように、二ヵ月毎に色合いを変えています。それも単に赤・青・黄・緑ではなく、蓬《よもぎ》色とか鼠《ねずみ》色、あるいは肌色といったような和名をもつもののようです。わたしにはそれを同定するセンスはありませんが、そこまで凝《こ》ったカレンダーも、ミュージアムなればこそかもしれません。

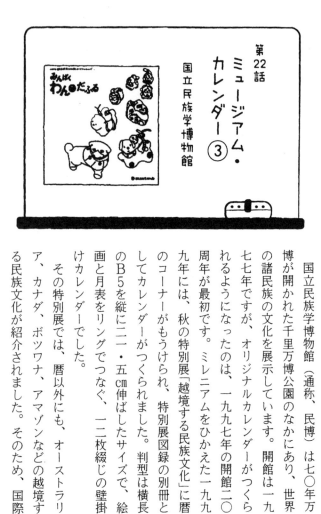

第22話 ミュージアム・カレンダー③

国立民族学博物館

国立民族学博物館（通称、民博）は七〇年万博が開かれた千里万博公園のなかにあり、世界の諸民族の文化を展示しています。開館は一九七七年ですが、オリジナルカレンダーがつくられるようになったのは、一九九七年の開館二〇周年が最初です。ミレニアムをひかえた一九九九年には、秋の特別展「越境する民族文化」に暦のコーナーがもうけられ、特別展図録の別冊としてカレンダーがつくられました。判型は横長のB5を縦に二一・五cm伸ばしたサイズで、絵画と月表をリングでつなぐ、一二枚綴じの壁掛けカレンダーでした。

その特別展では、暦以外にも、オーストラリア、カナダ、ボツワナ、アマゾンなどの越境する民族文化が紹介されました。そのため、国際市場で売買される民族文化のアート作品が、カレンダーにも採用されました。たとえば、オーストラリアの先住民アボリジナルは砂絵や点描画で知られていますが、描かれるモチーフは、ドリーミングとよばれる神話的世界の出来事です。他方、カナダのイヌイットは、滑石彫刻や版画を得意としています。しかも版画は、浮世絵の手法を平塚運一から学んだカナダ人ジェームス・ヒューストンの活動に由来しています。そして、ボツワナからはカラハリ砂漠に暮らすサンの絵画が選ばれました。

カラハリ砂漠に暮らすサンの絵画

絵画の点数は、アボリジナルのものが三点、イヌイットが四点、サンが六点となっています。合計が一二点ではなく一三点なのは、展示期間と関連していました。なぜかと言うと、特別展は九月にはじまり、年をまたいで一月まで開催されたため、九月から一二月分の月表を一頁におさめ、絵画も一点追加されたからです。展示の会期に合わせたカレンダーづくりは、その後の基本となりました。二〇一九年版は前年の企画展「アーミッシュ・キルトを訪ねて」(二〇一八年八月~一二月)にあわせ、一〇月から一二月分の月表を追加しています。その一方、二〇一七年版は特別展「ビーズ」（二〇一七年三月〜六月）に対応し、同年に加え、二〇一八年一月から三月の分を足しています。

しかしながら、二〇一八年版のように戌年に合わせ、特別展や企画展とは関係なく、犬のモチーフを収蔵品にもとめた「みんぱく　わん！だふる」のようなものもあります。そこでは、玩具から土器や仮面までいろいろそろえています。変わり種としてはモザンビークの資料で、戦闘用銃器の廃棄部品からつくられた犬の造形作品がみられます。二〇一四年版のカレンダーも展示とは無縁で、「植物と暮らす」がテーマでした。たとえば、メキシコはウィチョルの人びとに伝わる毛糸絵のサボテン（ペヨーテ）もあれば、東北地方のこけしに描かれた菊・なでしこ・梅などのさまざまな花模様もならんでいます。

民博オリジナルカレンダーの判型は二〇〇〇年まではそれぞれでしたが、それ以降は二つ折り（中綴じ）を基本としています。サイズはずっとA4系の正方形（二九七mm×二九七mm）でしたが、二〇二〇年版は少し小型の正方形（二五〇mm×二五〇mm）に変更されました。その理由は、郵便料金の値上げにともなうもので、販売価格の値下げも同時にはかられました。

二〇二〇年版のカレンダーは、特別展「驚異と怪異―想像界の生きものたち」（二〇一

九年一一月二六日まで）に合わせて作成され、二〇一九年一〇月から一二月までの三ヵ月分が含まれています。月表の暦注は国民の祝日しかのせないシンプルなものですが、ひとつだけ注目に値する点があります。それは、二〇一九年一〇月二二日です。二二が赤字で、その下に赤で「即位礼正殿の儀」と印字されています。二〇一九年の通常のカレンダーは、二二の数字は、黒字にしろ白抜きにしろ、週日の色に合わせ、その下に赤で「即位礼正殿の儀」と記しているからです。

即位礼正殿の儀がおこなわれる一〇月二二日を祝日とする法律は、年末の二〇一八年一二月一四日に公布・施行されました。大多数のカレンダーは、二二の数字を赤にすることができませんでした。しかし、民博カレンダーのように、二〇二〇年版に二〇一九年の一〇月を付けた場合には、それが可能になったということです。展示の開始日（二〇一九年八月二九日）に発行を合わせた結果、このような世にもめずらしい組み合わせとなったのです。

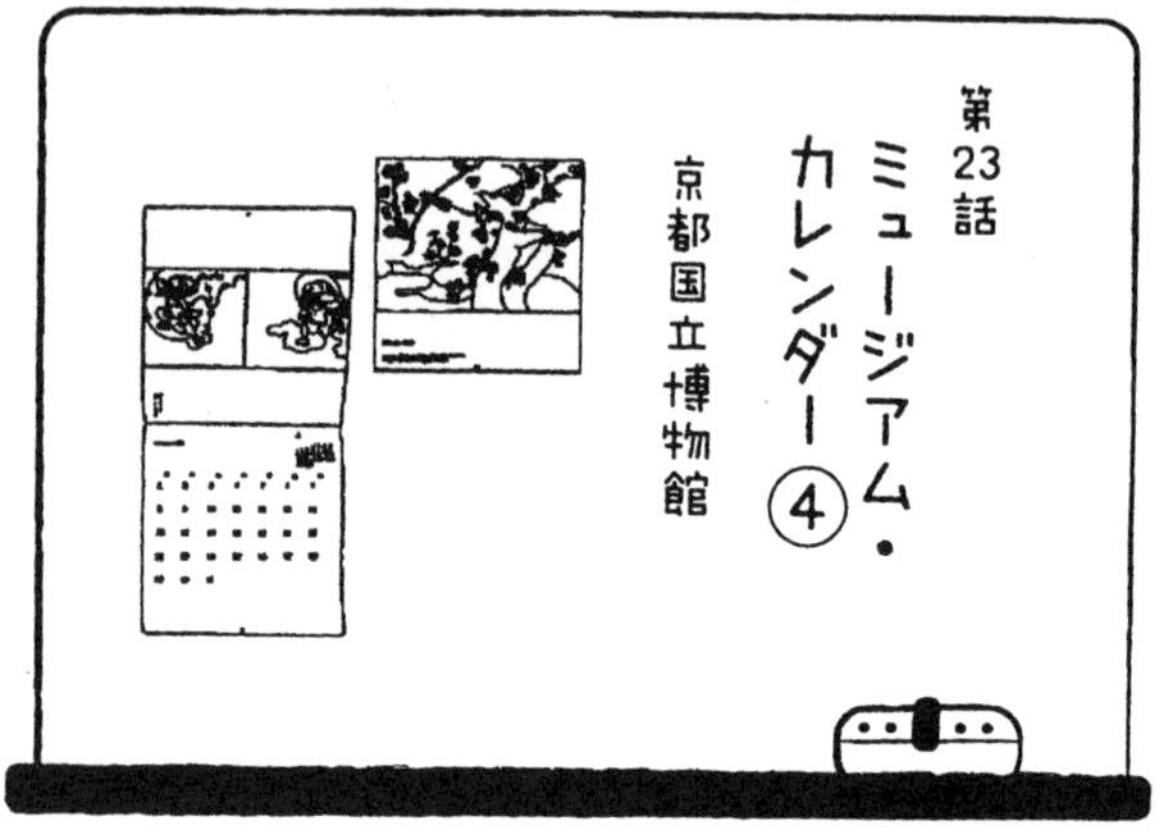

京都国立博物館（通称、京博）は、奈良国立博物館とともに一八八九年に設置されました。開館は一八九七年です。当初の名称は帝国京都博物館でしたが、京都帝室博物館、恩賜京都博物館と改称され、戦後、一九四七年に現在の名称となりました。戦前は京都の社寺を中心とする寄託品が多数を占めていましたが、戦後は館蔵品購入のための予算が計上されるようになり、多くの貴重な文化財が収集・保存されるようになりました。

二〇〇六年の時点で京博の館蔵品は六二六〇件、寄託品は六一九七件です。そのうち国宝は八三件、重要文化財は六三〇件にのぼります。まさに「お宝」の宝庫ですが、その京博が館蔵品を含む全国の国宝を二〇〇件以上、一挙に結

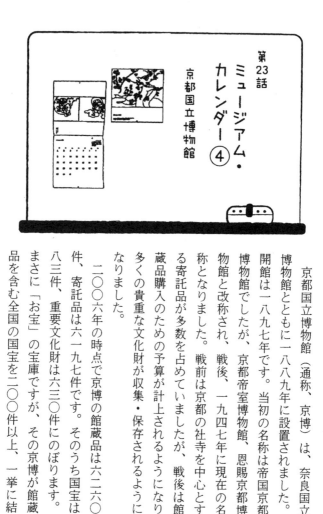

集し公開した展覧会がありました。それが開館一二〇周年記念と銘打った二〇一七年秋の特別展覧会「国宝」です。

重要文化財と国宝は、文化財保護法にもとづき建造物、絵画、彫刻、工芸、書跡、考古等の分野で指定されます。なかでも国宝は、「重要文化財のうち製作が極めて優れ、かつ、文化史的意義のとくに深いもの」とされています。「国宝」展当時、国宝の総計は一一〇八件でした。そのほぼ五分の一が美術工芸品と書跡、考古を中心に全国から集められ、一堂に会したわけですから、圧巻と言うだけではすまない迫力に満ちていました。

「国宝」展の図録はほぼＡ４サイズで四〇〇頁をこえる分厚いものでした。ペーパーバックにもかかわらず、重さも一・六キロにのぼりました。表紙・裏表紙と背表紙は尾形光琳の「燕子花《かきつばた》図《ず》屏風《びょうぶ》」から、表紙の裏頁は雪舟の「天《あまの》橋立図《はしだてず》」からとられていました。金箔の上に緑と青で描かれた燕子花は、まさに「国宝」にふさわしい品格をそなえていたと言えるでしょう。

図録と同時に作成されたカレンダーもまた、表紙は金地に桜の「桜《さくら》図《ず》壁《かべ》貼付《はりつけ》」（長谷川久蔵筆）で、豪華さでは

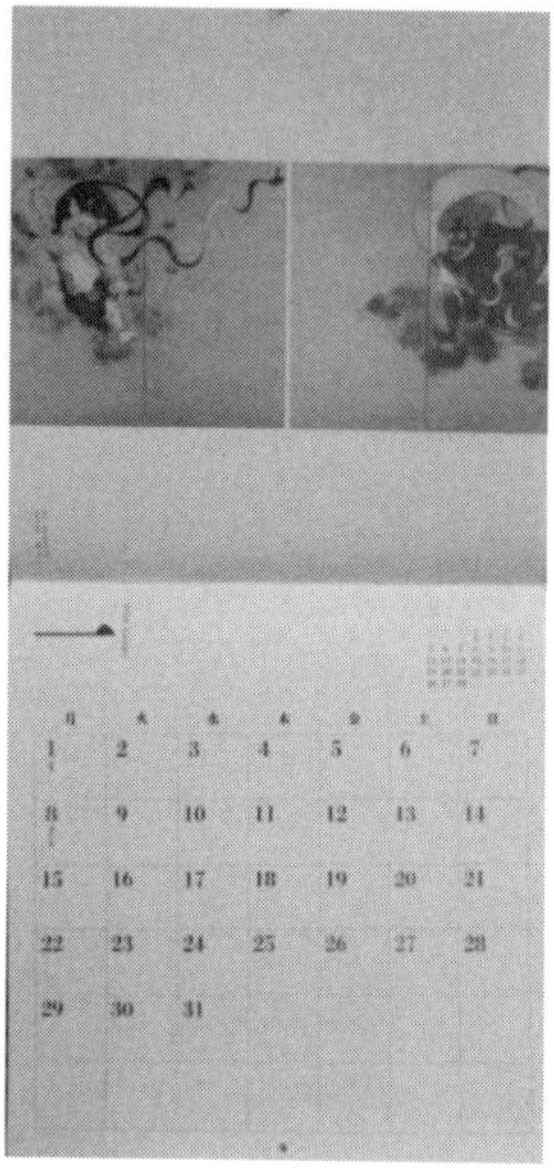

国宝展のカレンダー　1月
「風神雷神図屛風」

負けていませんでした。サイズはA4の長辺を一辺とする正方形で、中綴じ（段返し）です。二〇一八年用のカレンダーですが、特別展覧会の会期に合わせ前年の一一月と一二月の月表が追加され、一四ヵ月使用できるミュージアム・カレンダーならではの特徴をそなえていました。

「国宝」カレンダーに採用された作品は月ごとに次のように配されていました。

一月　風神雷神図屛風（俵屋宗達筆　京都・建仁寺）
二月　普賢菩薩像（東京国立博物館）
三月　金銀鍍宝相華唐草文透彫華籠（滋賀・神照寺）
四月　桜図壁貼付（長谷川久蔵筆　京都・智積院）
五月　四騎獅子狩文様錦（奈良・法隆寺）
六月　扇面法華経冊子（大阪・四天王寺）

七月　紅白芙蓉図（李迪筆　東京国立博物館）
八月　天橋立図（雪舟筆　京都国立博物館）
九月　油滴天目（大阪市立東洋陶磁美術館）
一〇月　高雄観楓図屏風（東京国立博物館）
一一月　時雨螺鈿鞍（東京・永青文庫）
一二月　松林図屏風（長谷川等伯筆　東京国立博物館）

季節と合う図柄は四月の桜、六月の芙蓉《ふよう》、そして一〇月の楓《かえで》の三点です。水墨画の天橋立図と松林図屏風は風景を描いてはいますが、季節は特定できません。いくら国宝とはいえ、季節感にそぐわないと興ざめしてしまいます。国宝の写真をながめながら一年を過ごす贅沢を、このカレンダーは余すところなく提供していました。それもミュージアム・カレンダーの醍醐味と言えるでしょう。

【参考文献】

京都国立博物館・毎日新聞社編『京都国立博物館開館一二〇周年記念特別展覧会「国宝」図録』二〇一七年。

第24話 ミュージアム・カレンダー⑤

早稲田大学

早稲田大学は「都の西北」の校歌で知られ、慶應義塾大学と並び称される「私学の雄《ゆう》」です。創立者は明治の政治家、大隈重信です。大隈は明治改暦を断行した立役者であり、かたや太陽暦の解説本『改暦辨』をいちはやく刊行したのが慶應義塾の創設者、福澤諭吉です。しかも、改暦の日にあわせて刊行し、大もうけにつなげました。明治改暦に関するかぎり、二人はライバルではなく、はからずも官と民をそれぞれ代表して相互補完的な役割を果たしたと言えるかもしれません。もちろん、忖度《そんたく》や癒着《ゆちゃく》とはまったく関係ありません。

しかしながら、暦にかかわる現状を見ると、早稲田大学が二種類のカレンダーを発行しているのに対し、慶應大学にはオリジナル・カレンダーはないようです。だからといって慶應大学が特殊というわけではなく、東京六大学で早稲田以外では、立教大学がネットでヒットするにすぎません。関西の「私学の雄」は関関同立（関西大学、関西《かんせい》学院大学、同志社大学、立命館大学）ですが、カレンダーをオリジナルグッズとして用意しているのは、関西学院大学くらいです。他方、国立大学では旧七帝大を含め、管見のかぎり、カレンダーは影も形もありません。もちろん、各大学には「学年暦」と称する年間スケジュールは存在します。ここで問題としているのは、あくまでも壁掛けや卓上のカレンダーです。

早稲田大学2020年版カレンダー

早稲田大学を名実ともに代表するカレンダーは、Ａ４版の壁掛けタイプです。二つ折りですが、表紙は縦位置で、実際に壁に掛けるときは横位置になるめずらしい形です。表紙をめくると、日本語と英語が目に飛び込んできます。日英表記はいかにも大学らしい風情をただよわせています。日にちの欄には国民の祝日の情報しか載せていません。学年暦も創立記念日もないシンプルなものです。

学生以外の利用者を想定しているからにちがいありません。そのことによって大学が所蔵する逸品をえらび、その写真を掲載して、「開かれた大学」を演出しているのでしょうか。とくに、二つの博物館が素材を提供していることが注目されます。

ひとつは坪内博士記念演劇博物館であり、もうひとつは會津《あいづ》八一《やいち》記念博物館です。前者は明治の演劇界に新風を吹き込んだ坪内逍遙の古希を祝して、一九二八年に設立されました。あわせて、坪内が翻訳した「シェークスピヤ全集」全四〇巻の完成も記念していました。建物自体も、エリザベス朝時代の劇場様式を模したものです。後者は東洋美術史学の會津八一が収集した資料をもとに、一九九八年に創設されました。主に近代日本美術や東洋美術のコレクションが収蔵されています。

二〇二〇年のカレンダーには、演劇博物館から五点、會津八一記念博物館からは四点の画像提供がみられます。たとえば、前者からは京マチ子がアラン・ドロンと会ったときに着用した和服が、後者からは黄檗《おうばく》宗をひらいた隠元《いんげん》の墨書「獅子吼《ししく》」が選ばれています。

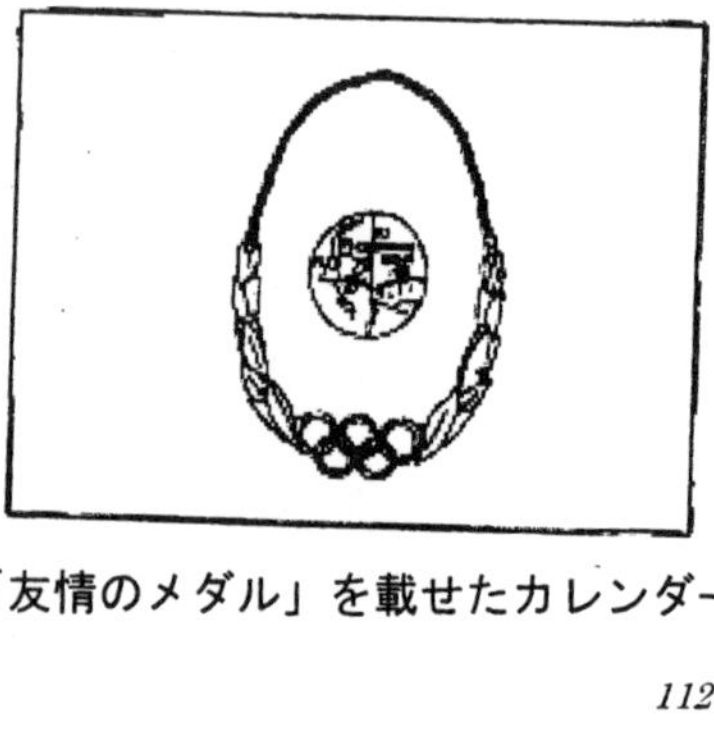

「友情のメダル」を載せたカレンダー

博物館以外にも、図書館と大学史資料センターの所蔵品もあります。一九三六年のベルリン・オリンピックの棒高跳びで、銀と銅を分け合った西田修平（銀）と大江季雄《すえお》（銅）のそれぞれのメダル半分をつなぎ合わせた「友情のメダル」です。

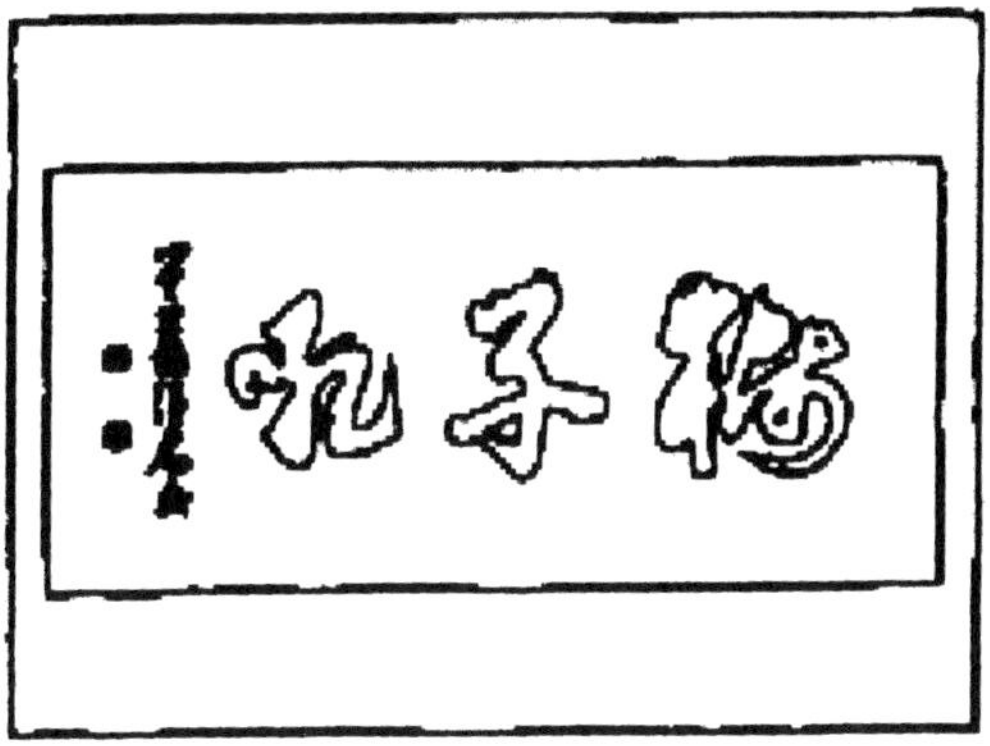
隠元の書を載せたカレンダー

早稲田大学カレンダーには図書館などの収蔵品も含まれますが、正真正銘のミュージアム・カレンダーも存在します。それは、「演博」の愛称で知られる坪内博士記念演劇博物館のものです。縦長の卓上タイプで、すべて浮世絵で統一されていますが、二〇二〇年版は初代国貞と初代豊国で仲良く分け合っています。

最後に、愛校心をくすぐる絵画が表紙裏を飾っていることを指摘しておきたいとおもいます。會津八一記念博物館の館長である藪野健氏の筆になる、キャンパスの風景画です。二〇一三年版では大隈記念講堂が、二〇二〇年版では大正初めの正門がとりあげられています。「私学の雄」は世間に門戸を開きながら、愛着系でしっかりまとめていました。

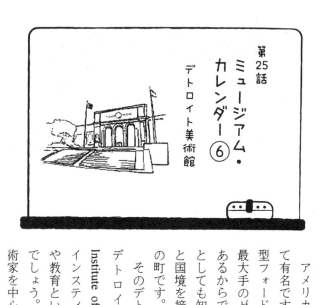

第25話 ミュージアム・カレンダー⑥
デトロイト美術館

アメリカのデトロイトは「自動車の町」として有名です。大量生産のはしりともいえる「T型フォード」がすぐに思いだされ、自動車産業最大手のゼネラルモーターズ（GM）の本社もあるからです。大リーグのタイガーズの本拠地としても知られています。地理的には、カナダと国境を接する五大湖にかこまれたミシガン州の町です。

そのデトロイトを代表するミュージアムが、デトロイト美術館です。英語名は **Detroit Institute of Arts** と言い、ミュージアムではなくインスティチュートを名のっているのは、研究や教育といった意味合いが込められているからでしょう。一八八五年に開館し、アメリカの芸術家を中心とする六万五〇〇〇点のコレクションは、全米第三の規模をほこっています。ヨーロッパの美術についても、ブリューゲルやレンブラント、ドガやセザンヌなど、有名どころの作品を展示しています。とりわけゴッホの自画像は、デジャブ感（既視感）があります。しかし、圧巻は何と言ってもリベラの壁画です。美術館のミュージアム・ショップには、かれの壁画だけを紹介するカレンダーが売られていました。表紙の写真は「デトロイト工業壁画」と命名された展示ホールです。

リベラの壁画を載せたデトロイト美術館のカレンダー

　ディエゴ・リベラは、シケイロスやオロスコと並ぶメキシコ壁画運動の旗手です。かれらは、一九一一年のメキシコ革命以後の時代にふさわしい芸術を創造しようとしていました。それはひと言でいえば、スペイン植民地化以前のアステカ文明をよみがえらせる運動であり、メキシコ人の独自性を主張するものでもありました。かれらは、一九二〇年代から三〇年代にかけて、宮殿や学校など公共建造物の壁にメキシコの歴史を誇示するような壁画を描きました。それは世界の美術界を仰天させる、大きなうねりを巻き起こしました。

　リベラは、一九三〇年から三三年にかけてアメリカでも壁画制作に従事しました。デトロイトにはフォード社とデトロイト美術館の招きでやってきて、一一ヵ月をかけて展示ホールの壁画を完成させました。しかも毎日二〇時間近くも没頭したそうです。北側の壁には、エンジンやトランスミッションをつくる作業現場が描かれました。相対する南側の壁には、車軸やハンドル、あるいはボディーやフェンダーを取り付けるアッセンブリー・ライン（組み立て作業場）が描写されました。自動車産業だけでなく、製薬やガス爆弾の製作現場も南北の壁に対峙し、ある種の不気味さをただよわせています。その一方、東の壁にはカボチャ、トウモロコシ、リンゴ、ブドウ、キュウリなど、ミシガン州でとれる野菜や果物が画材となっていて、一種の安堵感をあたえています。

工場労働者は筋骨たくましく、力を合わせて作業する姿も印象的です。しかも「白人」に混じって「黒人」もちらほら見えますが、これは実態とはことなり、リベラの理想像をあらわしたものとされています。また、フォード社の社長と美術館の館長もさりげなく壁画におさまっていますが、これはパトロンへの敬意のあらわれと理解することができます。というのも、ニューヨークでロックフェラー財団から依頼された壁画にレーニンの肖像を描いたところ、制作が中止に追い込まれたという事件も存在するからです。

ところで、リベラと親交のあった日本人の画家の一人に藤田嗣治《つぐはる》がいます。藤田は一九三一年、パリを離れ中南米の旅に出ました。メキシコの壁画にもふれる機会があり、帰国後、秋田の資産家平野政吉の依頼を受け、大作「秋田の行事」（一九三七年）に取り組みました。縦三・六五m、横二〇・五mにおよぶ一大パノラマです。これは、リベラらのメキシコ壁画運動ぬきには語れない作品です。

もう一人、メキシコの壁画に強く惹かれた日本人がいました。「太陽の塔」をつくった岡本太郎です。かれはメキシコのホテルにたのまれ、核の悲惨さを訴える「明日の神話」（一九六九年）を制作しました。一時、行方不明となっていましたが、現在、渋谷駅の通路に展示されています。

【参考文献】
市川慎一「メキシコと日本人画家― Diego Rivera と藤田嗣治」『学習院女子大学紀要』第七号、二〇〇五年。

藤田嗣治

岡本太郎

第26話 外務省カレンダー
「大使」と「平和」と「勲章」と

カレンダーをとおして海外の文化を知ることは、わたしが提唱する「考暦学」のひとつの醍醐味です。「考暦学」とは暦を考える学という意味ですが、古《いにしえ》を考えるのが考古学であるとすれば、暦を考えるのが考暦学というわけです。海外のカレンダーをながめながら、その文化のある核心にふれたような気分になるのが魅力です。

日本の文化を海外に伝えるという目的でつくられるカレンダーもあります。そこには、日本文化の何らかの核心を示すという隠れた意図が往々にして見られます。外務省の発行するカレンダーは、その典型と言えるかもしれません。

外務省は、在外公館向けに中綴じの壁掛けカレンダーをつくっています。一二枚ものカラー印刷です。大使館や領事館などの在外公館は、これを現地の関係機関や世話になった方々にくばります。日本という国を一年間にわたってPRする格好の手段となっているわけですが、表紙はもとより、月ごとの写真はいずれも生花《いけばな》ときまっています。日本の四季を感じさせるという意味でも、生花はカレンダーにふさわしいと言えます。しかし、それ以上に、生花つまり華道が日本の代表的な国民文化とみなされていることが大きいのでしょう。国民文化というのは、明治以来、政府が主導してきた文化をさす、といっても過言ではありません。能や歌舞伎、茶道や華道は、わが国の伝統として近現代の政府が積極的に保護・育成してきた歴史があります。他方、映画やアニメ、マンガや演歌などは大衆文化に属し、マスコミが売り出し、庶民が熱心に支援してきたものです。したがって、外務省発行のカレンダーに、吉永小百合や堺雅人が顔を見せることも、ドラえもんやアンパンマンが採用されることも考えにくいのです。

外務省の生花カレンダーの表紙

華道にはいくつもの流派があります。外務省カレンダーには主流四派―池坊、古流、小原流、草月流―から作品が選ばれています。しかも、それぞれ三作品ずつ平等に分配されています。

また、生花についての英語の解説がついています。それを見ると、生花は床の間とセットになった文化で、天・地・人を意識した型をもっているだけでなく、線や色、空間や形態に配慮した芸術であると強調されています。自然を愛する心が現代生活にも息づいていることにも言が及んでいます。まさに、日本文化を発信する「大使」としての役割を生花が担っているのです。

生花以外にも、このカレンダーにはいくつかの特徴があります。まず、英語とアラビア数字の表記だけで、漢字は筆字の「生花」だけです。日付の色は日曜日が赤、それ以外は黒です。日曜はじまりの横組みで、ＩＳＯ（『こよみの学校Ⅲ』第25話参照）の月曜はじまりは採用されていません。最大の特徴は、祝日の記載がないことです。日本の「国民の祝日」はもちろん、諸外国の祝日も一切印字されていません。シンプルそのものです。そのかわり、赤丸の透明シールが五つ用意されていて、各国の祝日に合わせて適宜貼ることができるようになっています。世界共通に頒布されるカレンダーとなると、どのような対応が必要になるか、興味深い例といえるでしょう。

さて、ここからは一般論をはなれ個別具体的な話となります。外務省の元高官が述べていることですが、戦後のある時期まで、日本は軍事国家ではなく平和国家というイメージを打ち出そうと躍起になっていました。在外公館で文化事業をやるときには、いつもお茶とお花をやっていたそうです。そのため、生花カレンダーは、平和な国日本をPRする手段だったというのです。さらに、外務省の文化事業部長を長くつとめた方が茶道や華道の資格をもっていて、カレンダーをつくるときに入れ知恵をしたのではないか、と推測しています。お茶では絵にならないから、お花だと。

もうひとつ。わたしがサンフランシスコのある日系団体で聞いた話です。そこには、暮れに外務省カレンダーが一つ、総領事館から届きます。すると、理事長はその団体で一年間、いちばんよく働いてくれた人にプレゼントとして渡すのだそうです。外務省カレンダーはいわば勲章がわりになっているのです。

【参考文献】

中牧弘允「カレンダーに問う　日本の国際交流」（討論を含む）『Peace and Culture』九（一）五六～六九頁、青山学院大学社会連携機構国際交流共同研究センター、二〇一七年。

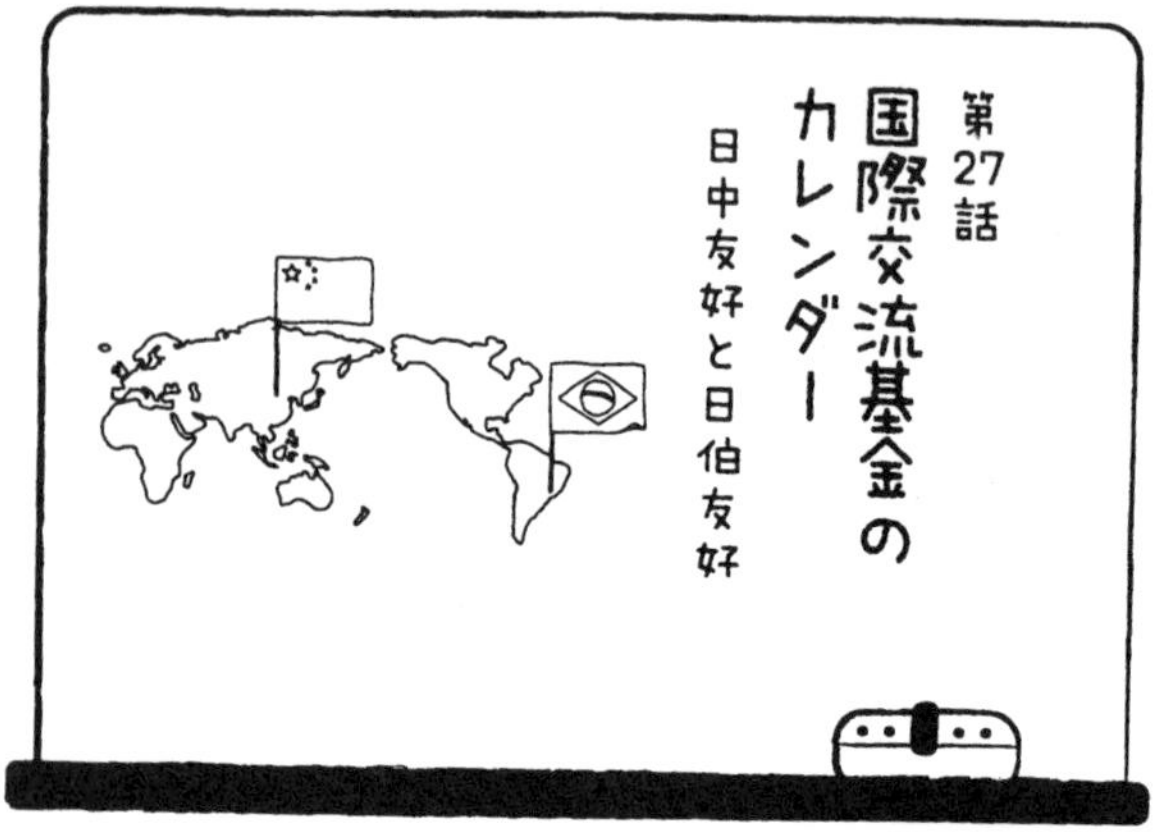
第27話
国際交流基金のカレンダー
日中友好と日伯友好

　国際交流基金は、外務省の特殊法人として一九七二年に設立されました。二〇〇三年に独立行政法人となりましたが、「日本の友人をふやし、世界との絆をはぐくむ」というミッションに変わりはなく、国際相互理解の増進につとめる組織です。より具体的には、「文化」（文化芸術交流）と「言語」（日本語教育）と「対話」（日本研究・知的交流）をつうじて日本と世界をつないでいる公的団体といえます。

　わたしが入手できたカレンダーは、日中交流センターのものとサンパウロ事務所が発行しているものです。日中交流センターは「文化」の部門に属し、日中の青少年交流を主たる目的として、二〇〇六年に本部内に設立されました。サンパウロ事務所のほうは二五の海外拠点のひとつで、南米では唯一です。

日中交流センターは「心連心」つまり「心と心を結びあう」をモットーにかかげ、「中国高校生長期招聘事業」「ネットワークふれあい事業」「中国ふれあいの場事業」の三つを柱にすえています。「心連心」は英語のHeart to Heartとセットでロゴとなっていて、二つ折りカレンダーの表紙には、かならず印刷されています。このカレンダーの特徴は、まず過去の活動記録が写真をとおして伝えられるという点です。楽しそうな顔、顔、顔であふれた頁は、後輩たちにも元気をあたえているはずです。

国際交流基金日中交流センターのカレンダーの表紙

もうひとつの特徴は、祝日や二十四節気に関することです。日中の祝日は色分け記載されていますが、中国に関しては、二〇一六年まで元旦、春節、清明節、端午節、中秋節、国慶節の五つが載っていました。中国の元旦とはグレゴリオ暦一月一日のことで、旧正月の元日のほうは、春節と呼ばれるようになりました。清明節は、二十四節気のひとつである清明の祭りです。端午節は旧暦の五月五日に祝われます。中秋節も旧暦八月一五日の行事ですが、月餅《げっぺい》がつきものです。国慶節は、グレゴリォ暦一〇月一日の建国（一九四九年）を記念する日です。しかし、二〇一七年からなぜか元旦と国慶節のみが記載されるだけで、他の祝日は消えてしまいました。旧暦にかかわる行事だからでしょうか。他方、二十四節気は変わることなく掲載されつづけています。

国際交流基金サンパウロ事務所のカレンダー

サンパウロ事務所のカレンダーには、一枚ものと卓上用があります。しかし、いずれも日本語教室の生徒の描いた絵画が採用されていて、日伯の国際交流を知る手がかりをあたえてくれます。年によっては、行事や料理、あるいはスポーツや「日本のここがクール」といったテーマに沿って、自由に描かせています。コンクールで優秀な作品が一二枚選ばれますが、最優秀賞を表彰する年もあります。二〇〇〇年からこのカレンダーの作成がはじまり、二〇一七年のものには、ブラジルの初中等教育のうち六〇機関、約五、三五〇人が日本語を勉強していると記されています。

　こよみの情報としては、日本とブラジルの国家祝日が、それぞれ日本語とポルトガル語ですべて載っています。月名のところでは、ポルトガル語だけでなく漢字もつかわれています。それだけではなく、普通のブラジルのカレンダーとくらべると、決定的にちがう点がひとつあります。それは、月齢のマークがないことです。ブラジルにかぎらずメキシコ以南のラテンアメリカでは、新月、上弦、満月、下弦の四つの月齢マークがふつうに載っています。スペイン、ポルトガルでも、またスペインの統治下にあったフィリピンでも、同様です。国際交流基金のカレンダーは、そこまでは現地の文化に同化していないようです。「和して同ぜず」を意識しているのかどうかは、定かではありません。

かつてジャカルタの日本センターでも、東日本大震災後、一度だけカレンダーをつくったことがあるそうです。それはこどもたちの防災教育の絵を集めたものでしたが、目的は二つありました。ひとつは、おなじ津波の被害をこうむった国として、たがいに元気をだして立ち上がろうというメッセージを発信することでした。もうひとつは、防災教育が文化的な国際貢献であるとかんがえたからでした。ただし、実物はまだ入手できていません。

【参考文献】

中牧弘允「カレンダーに問う　日本の国際交流」（討論を含む）『Peace and Culture』九（一）五六〜六九頁、青山学院大学社会連携機構国際交流共同研究センター、二〇一七年。

第28話
国際協力機構のカレンダー
援助からカイゼンまで

国際協力機構（通称ＪＩＣＡ、ジャイカ）は、外務省系の独立行政法人です。二〇〇二年に設立されましたが、それ以前は国際協力事業団とよばれていました。国際協力事業団は一九七四年に設立され、海外技術協力事業団（一九六二年設立）や海外移住事業団（一九六三年設立）を統合した組織でした。

ＪＩＣＡは開発途上地域への経済および社会の開発などに寄与することを通じて、国際協力の促進ならびに国際経済社会の健全な発展に資することを目的としています。ＯＤＡ（政府開発援助）や技術援助をはじめ、青年海外協力隊の派遣や開発途上国の研修員受け入れなどをおこなっています。

国立民族学博物館（民博）が所蔵するＪＩＣ

Aカレンダーは二〇〇〇年、二〇〇六年、二〇〇七年、二〇〇八年のものです。いずれも二つ折りの中綴じタイプで、テーマが毎年変わっています。また、海外で使用されるため、英語と日本語が併記されていました。

二〇〇〇年のカレンダーは「Precious Time」、日本語では「永遠の一瞬」と訳されていました。直訳ではなく、センスの良さを感じます。二〇〇六年はDear Worldとだけあり、JICAのロゴマークの隣に「よりよい明日を、世界の人々と／For a better tomorrow for all」と小さな文字で掲載していました。表紙の写真は、アフリカのニジェールの大地に青年海外協力隊の女性隊員が植物を植え、現地の民族衣装をまとった女性がジョロで水をかけ、それを仲間の女性たちが見まもっているという場面です（標本番号H0273468）。二〇〇七年のカレンダーは「A Brighter Tomorrow 輝ける未来へ」というテーマで世界各地の写真を載せています（標本番号H0273591）。二〇〇八年のカレンダーの表紙にはJICAの字が大きく中央に陣取り、それに重なるように「The Environment 環境」の文字が乗り、JICAが支援する環境プロジェクトが紹介されています（標本番号H0273626）。

「JICAカレンダー」資料はこちらからご覧ください。標本番号をご入力ください。

〔https://htq. minpaku. ac. jp/databases/mo/mocat. html〕

従来のＪＩＣＡカレンダーは、外務省カレンダーと判型が似ていました（本書第26話参照）。ところが、二〇一七年のカレンダーを入手したところ、すべてが一変していることにおどろきました。まず、中綴じではなくなっていました。サイズも四六判の四つ切りで、ほぼ倍の大きさです。とはいっても、壁に掛ければおなじくらいのスペースをとります。表紙にテーマを掲げることは以前と同様ですが、英語のほかにフランス語とスペイン語が加わっていました。

絆　KIZUNA　The partnership between JICA and your countries / Le partenariat entre la JICA et vos pays / La colaboración entre JICA y sus países（二〇一七）

絆とは要するにＪＩＣＡと貴国らとのパートナーシップ（協働）であることを謳っています。これは、ユネスコの公用語八ヵ国語とまではいかなくとも、「国際」の名に恥じないおおきな前進です。

また、月毎に写真付きで協力事業を紹介していますが、そこにも三ヵ国語で説明が添えられています。ただし、日本語の翻訳はありません（仮にわたしがつけてみました）。月別のラインアップは左記のとおりです。

JICAの2017年版カレンダー表紙

同5月

一月　Sport for tomorrow（明日のスポーツ）
二月　Maternal and child health（母子の健康）
三月　Education（教育）
四月　Support for local police activities（地域の警備支援）
五月　Japan disaster relief teams（日本の災害救援チーム）
六月　Safe water for all（すべての人にとって安全な水）
七月　Training in Japan（日本での研修）
八月　SHEP（Small Horticulture Empowerment Promotion）（小規模農耕の振興）
九月　The ABE Initiative（安倍晋三首相が提案したアフリカの若者のための産業人材育成　イニシアティブの略称）
一〇月　Japan supports major traffic routes in Capital（日本は首都の主要交通ルートを支援する）
一一月　KAIZEN（改善）

一二月 Volunteers（ボランティア）

表紙の写真は、カンボジアの翼橋（つばさブリッジ）です。二月の写真は、アラビア語の母子健康ハンドブックをとりあげ、解説では三〇ヵ国以上で実践されていることが強調されています。五月は、二〇一五年に発生したネパールの震災時に緊急救援に従事したときの写真です。復興支

同11月

援には犠牲者の救出をはじめ、テント、毛布、衣料品の支給等が含まれると説明されています。一一月は、日本が得意とするカイゼンです。日本が戦後の復興に成功したのはカイゼンによるもので、カイゼンが開発途上国の経済を発展させると結んでいます。

【参考文献】

中牧弘允「カレンダーに問う　日本の国際交流」（討論を含む）『Peace and Culture』九（一）五六〜六九頁、青山学院大学社会連携機構国際交流共同研究センター、二〇一七年。

第4章　干支、吉凶、暦注

干支については子《ね》と庚《かのえ》が考察の対象です。吉凶については最高の吉日である天赦日《てんしゃにち》と一粒《いちりゅう》万倍日《まんばいび》を、最悪の凶日としては十方暮《じっぽうぐれ》と不成《ふじょう》就日《じゅにち》を詳説します。そして月切りと節切りの区別をふまえ、暦注の十二直《ちょく》について、江戸時代に流行した錦絵の洒落《しゃれ》っ気《け》に富んだ絵柄と文章を解読します。

十二支の第一は子《ね》です。子は「了」（おわり）と「一」（はじめ）が組み合わさった文字です。そのため、ものの「終始」の時と所を象徴し、中国の循環哲学では、中枢・中央として意識されてきました。ただし、甲骨文字では子は幼児の形をとり、誕生を連想させる象形《しょうけい》でした。殷代の十二文字では、神体《しんたい》の形代《かたしろ》とされています。とはいえ、十二文字の組み合わせと順序に関しては、いまでも判然としないところが多いようです。

その後、十二文字は種子などが内部から成長し、やがて衰微する植物の生命サイクルとして説明されるようになりました。そして、秦代から後漢時代にかけて動物と結びつけられるようになり、十二支とよばれるようになりました。

十二支の方位と定時法による十二辰刻

子がネズミになったのもこのときです。

十二支は当初、殷代には紀日法にもちいられ、戦国時代には紀月法に、その後漢代にかけて紀年法にもつかわれるようになりました。一日を一二分する十二辰《しん》刻《こく》に十二支が配当されるのも、漢代といわれています。

十二支の配当は時間だけでなく、方位にも適用されるようになりました。子が北で、東は卯《う》、南は午《うま》で西は酉《とり》です。方位には易学の発展が関係しているので、これも漢代からと推定されています。

ところで、紀月法では冬至を含む旧暦の一一月が子月です。易の卦《け》では「地雷復《ちらいふく》」ですが、これは陰がつきて陽がはじまる「一陽来復」でもあり、まさに冬至にふさわしい季節と言えます。

このように、子は陰気と陽気を包摂する混沌として、陰陽五行《いんようごぎょう》説では中枢を占めました。易や朱子学ではこの混沌を「太極《たいきょく》」とよび、古代天文学では「北極星」とみなしました。それはたんに北の極にある星というだけでなく、天空の中心とされました。そのため中国では天帝がそこに住むと観念され、日本でも、天皇は常に、都の北の中央に皇居と政庁をかまえたのです。その政庁を「大極殿《だいごくでん》」と称するのも、そうした理由によるものです。

陰陽五行思想に詳しい民俗学の吉野裕子は、『日本書紀』の天智五年条に「是冬、京都之鼠、向近江移。」とあるのを次のように解釈しています。

（一）　鼠とは「子」

（二）　冬とは旧一一月、つまり「子月」

（三）　近江とは真北の「子方」

これは天智天皇による近江遷都の前年であり、冬とは冬至を含む旧一一月のことで、鼠は生物のネズミではなく、「子」に暗示される「太極」のことであって、この冬、京都（みやこ）のある大和から「子」の方角にある近江に行ったと解読しています。

さらに、吉野説にしたがえば、大嘗祭もまた「子」と深い関係にあります。天皇は「子の星」である北極星の徳を引き継ぐ存在であり、神饌を共食することによって祖霊と合体するとみなしています。明治以前の大嘗祭は「子月」におこなわれ、神饌の供進

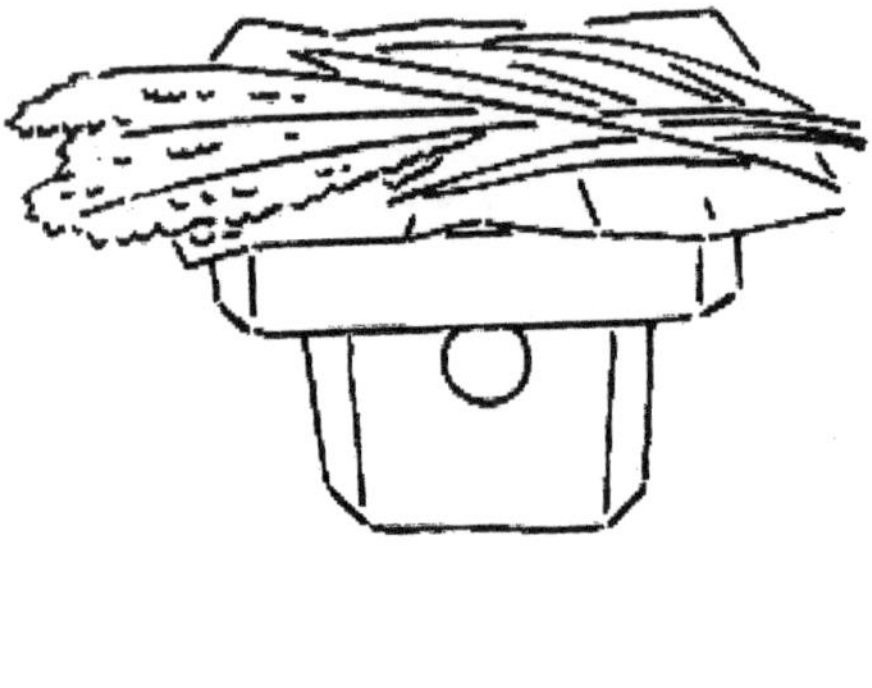

時間の中心も「子刻」であり、祭祀の方角も「子方」の廻立殿《かいりゅうでん》を中心とするものであると解釈しています。

明治改暦以降、十二支は年ばかりで、月、日、時、方位についてはほとんど意識されなくなってしまいました。それでも、子午線という場合には、「子」と「午」を無意識のうちに使用しています。「午」は午前、午後、あるいは正午の単語としても健在です。いまでも「子」や「午」を基準に時間・空間を分かつことを、観念として断片的に継承しているのです。

最近、チバニアンが地質年代として国際的に認められました。更新世中期の約七七万四〇〇〇年前、地磁気の逆転現象が起きたことを実証する最たる地層として選ばれました。真北のネズミは、目を南北に白黒させているにちがいありません。

【参考文献】

濱田陽『日本十二支考―文化の時空を生きる』中央公論新社、二〇一七年。
吉野裕子『十二支―易・五行と日本の民俗』人文書院、一九九四年。

第30話 十干の庚《かのえ》
庚申講と三伏

二〇二〇年の干支は庚子《こうし》（かのえね）です。干支の三七番目にあたります。干支の最初は甲子《こうし》（かっし）（きのえね）で、一九二四年に完成した甲子園球場につかわれています。干支はまた戊辰《ぼしん》戦争（戊辰の役）のように、一八六八年の戊辰の年にはじまった戦争の名称として使用された例もあります。しかし、庚子のつく建物や事件をわたしは知りません。

　百科事典を紐解いてみると、「庚子字《こうしじ》」という事項が見つかりました。李氏朝鮮の一四二〇年、新たに鋳造された銅活字が干支にちなんで命名されています。また、「庚子賠款《こうしばいかん》」という賠償金のことも見つけました。一八九九年に発生した義和団事件の処理に対し、清国が負った対外的な負債です。しかし、いずれも外国のことで、日本には庚子の影はみあたりません。

十干の庚は十二支と結びつき、左記の六つの干支となっています。

庚午（七番目）　**庚辰**（一七番目）　**庚寅**（二七番目）
庚子（三七番目）　**庚戌**（四七番目）　**庚申**（五七番目）

しかし、十干と十二支は一二〇の組み合わせがあるにもかかわらず、六〇のサイクルで元に戻るため、左記のような干支の組み合わせは存在しません。

庚丑　**庚卯**　**庚巳**　**庚未**　**庚酉**　**庚亥**

庚がつき実用される六つの干支のうち、もっとも知られているのは庚申《こうしん》（かのえさる）です。それは庚申講、あるいは庚申塔建立の習俗として、沖縄を除く全国にひろまりました。しかも申《さる》にかかわるところから、「見ざる、聞かざる、言わざる」の三猿《さんざる》（さんえん）ともつながり、民間信仰として深く庶民生活に浸透しました（三猿については『こよみの学校Ⅱ』第2話も参照のこと）。

庚申講とは、要するに庚申の日に夜を徹しておこなう長生祈願の集まりです。庚申様は

仏教でいえば青面金剛《しょうめんこんごう》、神道では猿田彦《さるたびこ》のかたちをとり、その画像の掛軸をかけ、お神酒や精進料理を祭壇に供え、真言《しんごん》や般若心経を唱えたりします。庚申講は平安時代の公家社会における守《しゅ》庚申《こうしん》に端を発し、武家にもひろがり、庶民のあいだでは室町末期からさかんとなりました。

長生祈願については、道教の三尸《さんし》にまつわる説を紹介する必要があります。三尸は体内にいるとされる三匹の虫で、庚申の夜、人が眠ると体内から抜け出し、天にのぼり天帝に日ごろの悪事を告げ、天帝はその人を早死にさせるというものです。そのため、庚申の晩は眠らずにいるのがよいとして、守庚申がはじまりました。

庚申講は村組単位でつくられることが多く、講員が順番で宿を提供したり、庚申堂に集まったりしました。定期的な村の寄り合いといったおもむきです。「話は庚申の晩」といわれるように、仲間うちで飲食・雑談をする機会にもなっていました。そこでの話し合いが「見ざる、聞かざる、言わざる」の掟にしばられていたのかどうかは、わかりません。ただ、親の悪口や他人の悪口を言ってもいいから、遅くまで起きているようにという言い

伝えがのこっています。
旧暦時代、庚申の日は年に六回前後ありました。七庚申といって、七回もあるときは火事が多いなどと言われたりもしました。そして六〇年に一回めぐってくる庚申の年には、あちこちに庚申塔が建ちました。三尸説のような道教の観念が、公家、武家、庶民を問わず広汎に受け入れられたことはおどろきです。三猿の教訓のように日本的な変容をこうむっているとはいえ、無病息災、健康長寿はだれにとっても切実な願いでした。だからこそ、今日まで続いてきたのでしょう。村落社会の庚申講は、ずいぶん下火となりました。しかし、願かけの「くくり猿」で有名な京都八坂の庚申堂のように、インスタ映えする人気スポットとして健在ぶりを発揮しているところもあるようです。
最後に、「庚」だけにかかわる暦注に、「三伏《さんぷく》」（さんぷく）があります。夏至後の第三の庚《かのえ》の日を初伏《しょふく》、第四の庚の日を中伏《ちゅうふく》、立秋後の最初の庚の日を末伏《まっぷく》といい、この三つをあわせて三伏というものです。夏の火の気に伏せられるところから、酷暑の候を意味し、「三伏の候」などと暑中見舞いに使われました。

【参考文献】

窪徳忠『庚申信仰』山川出版社、一九五六年。

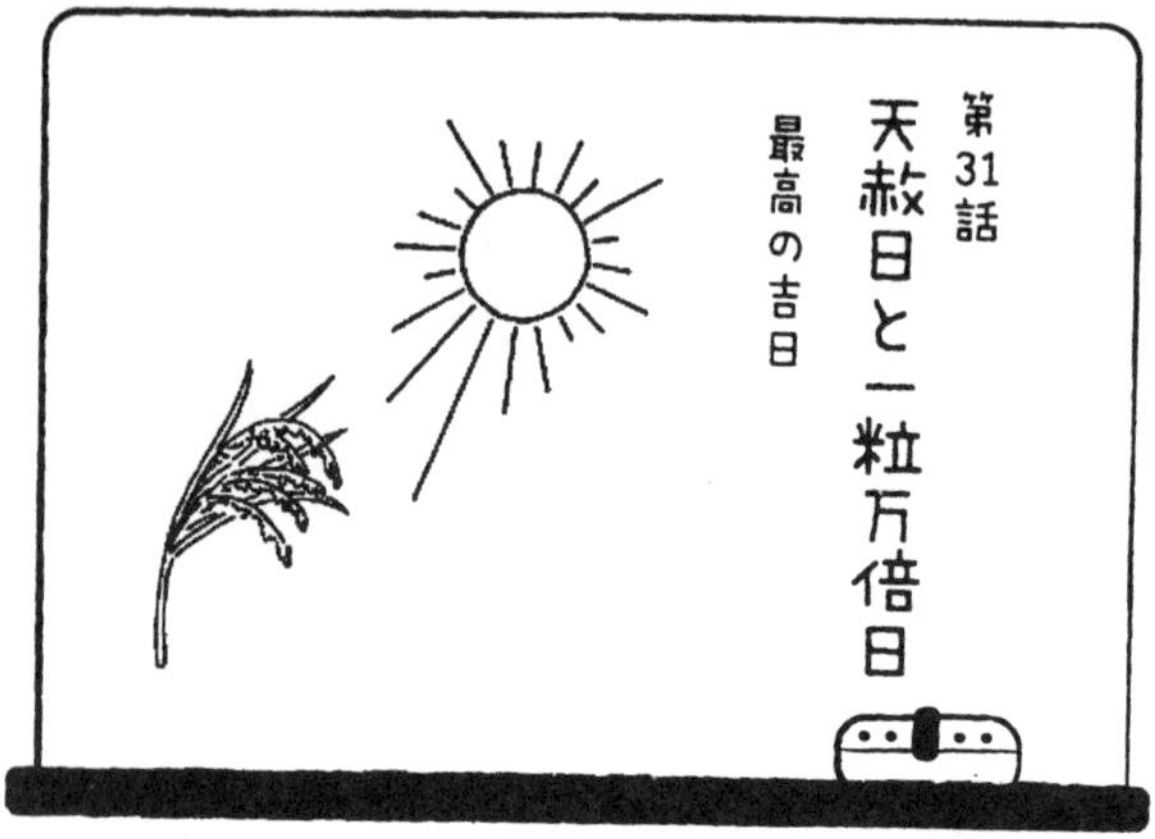

最近、占いの世界で縁起の良い日として人気をあつめている暦注が、ふたつあります。古くからあるものですが、天赦日《てんしゃにち》（てんしゃび）と一粒万倍日《いちりゅうまんばいび》（いちりゅうまんばいにち）です。ふつうのカレンダーには載っていませんが、高島易断はもとより、「開運」とか「幸福」を銘打った暦本には、かならず掲載されています。全国の有名な神社が頒布する小冊子の暦にも、その暦注が見えます。仏教宗派でも、曹洞宗の暦本にはその記載があります。ただし、伊勢の神宮司庁が発行する『神宮暦』には、吉凶に関する暦注は一切載っていません。というのも、明治一六（一八八二）年から頒布された『神宮暦』こそが、太陽暦にもとづく公式の暦の伝統をひいているからです。

天赦日は旧暦の暦注です。節切《せつぎ》りの干支にもとづく選日で、春の最初の戊寅《ぼいん》、夏の最初の甲午《こうご》、秋の最初の戊申《ぼしん》、冬の最初の甲子《こうし》（かっし）の日で、年四回の大吉日とされています（最初にこだわらない暦本もあり、その場合は年間五、六回となる）。節切りとは、立春からはじまり立夏の前日までを春とするような季節の区切りかたのことです（第33話参照）。天赦の意味は、天の生気が万物をいつくしみ、忌みはばかりを赦《ゆる》すことにあり、すべてに吉というわけです。『天寶暦《てんぽうれき》』には「天之生育甲與戊、地之成立子、午、寅、申」とあり、天の生育は十干の甲と戊、地の成立は十二支の子、午、寅、申が組み合わさっていることがわかります。

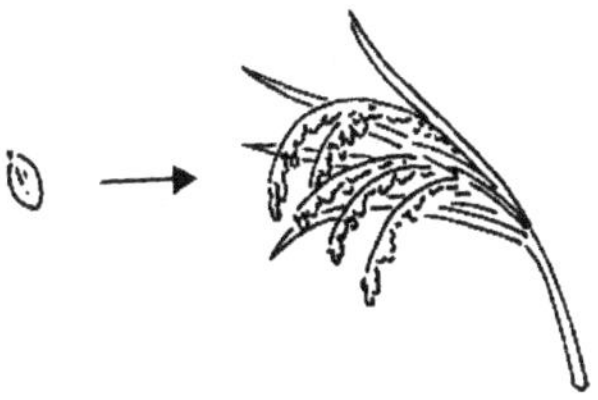

一粒万倍日も旧暦の暦注ですが、「万倍」あるいは「万倍日」とのみ載ることも多かったようです。一粒の籾《もみ》が稲穂のように万倍にも増えるという吉日で、農家なら種まき、商家なら開店というように、何かをはじめるときに良い日です。したがって、お金を出すにも吉ですが、逆に借金

月	正月	2月	3月	4月	5月	6月
日	酉	申	未	午	巳	辰
月	7月	8月	9月	10月	11月	12月
日	卯	寅	丑	子	亥	戌

をするのは凶となります。いまどきは宝くじを買うのに良い日とかいわれています。

一粒万倍日には、節切りと月《つき》切《ぎ》りの選日があります。暦によって選日法が異なり、全国で統一されていたわけではありません。たとえば、伊勢暦における節切りの月（節月）と十二支との組み合わせは、右上のようになっていました。節切りの正月とは、立春（旧正月節）にはじまり啓蟄《けいちつ》（旧二月節）の前日までをさしています。次に、月切りの選日では次頁上のとおりになります。

一粒万倍日は貞享改暦以降、暦注からはずされていました。それが近年、どういうわけか復活してきているのです。しかも、現行の旧暦では、下のように十二支が倍加しています。

月	正月	2月	3月	4月	5月	6月
日	丑・午	酉・寅	子・卯	卯・辰	巳・午	酉・午
月	7月	8月	9月	10月	11月	12月
日	子・未	卯・申	酉・午	酉・戌	亥・子	卯・子

春（正月〜3月）	午の日
夏（4月〜6月）	酉の日
秋（7月〜9月）	子の日
冬（10月〜12月）	卯の日

これは天赦日とは比較にならないほど多く、年間（新暦）で六〇回前後になります。日の吉凶といえば、明治一六年以降、六曜《ろくよう》（六輝《ろっき》）や三隣亡《さんりんぼう》が少しずつ民間に浸透していきました（『こよみの学校』第10話、『こよみの学校Ⅱ』第4話、参照）。正規の『神宮暦』とは別に、一枚刷りの略暦カレンダーなら民間でつくることが許されたからです。それで太平洋戦争後、一気に広まった暦注が六曜でした。六曜はいうまでもなく先勝、友引、先負、仏滅、大安、赤口の順に循環する吉凶の暦注です。

最近は、それと天赦日や一粒万倍日の吉日をかけあわせ、効果が倍増するなどと解釈するむきもあるようです。二〇二〇年には天赦日が大安と重なる日はありません。しかし、一粒万倍日と大安が一致する日は一〇回もあります。逆に天赦日でも一粒万倍日でも凶日と重なれば、効果は半減すると言われたりします。その凶日については、次回のトピックといたします。

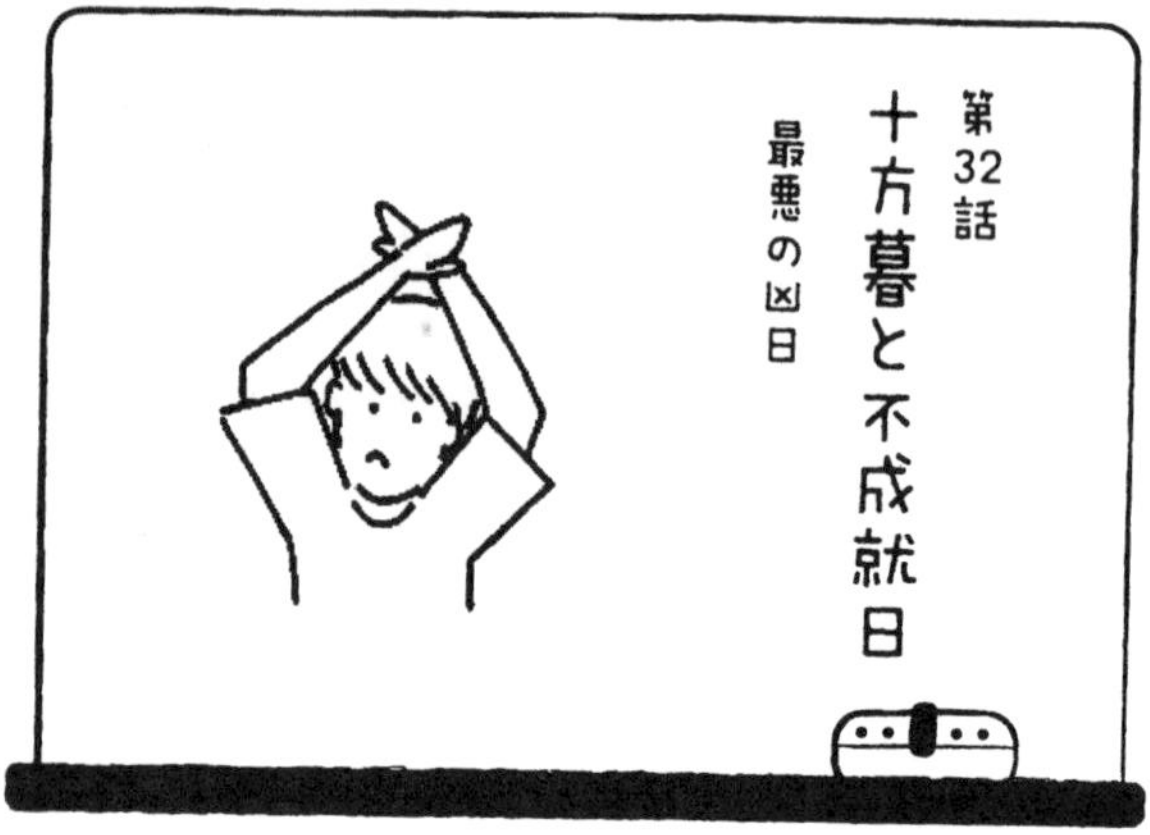

前回、最高の吉日として天赦日と一粒万倍日を紹介しましたが、今回は縁起でもない凶日をとりあげたいとおもいます。凶日には、葬式には友引を避けるとか、結婚式には仏滅をえらばないというような六曜《ろくよう》に関するものがあります。また三隣亡《さんりんぼう》のように、家作りに凶となっていて、上棟式をおこなわない日もあります。六曜も三隣亡も、じつは旧暦には記載がなく、明治中期から「おばけ暦」や一枚物の略暦に登場しはじめました（『こよみの学校』第10話、『こよみの学校Ⅱ』第4話、本書第31話参照）。これに対し、十方暮《じっぽうぐれ》や不成就日《ふじょうじゅにち》（ふじょうじゅび）は旧暦にもしばしば顔をだしていた凶日です。

十方暮は五行説にもとづく暦注で、干支の二一番目にあたる甲申《きのえさる》から三〇番目の癸巳《みずのとみ》に

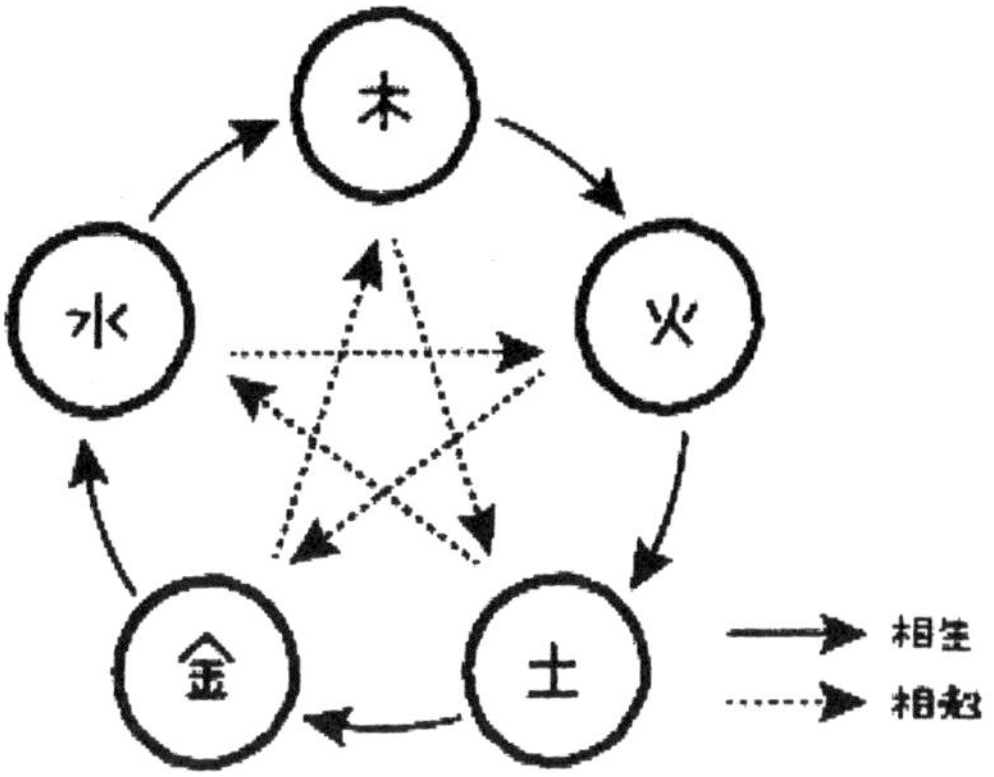

	木	火	土	金	水
十干	甲・乙	丙・丁	戊・己	庚・辛	壬・癸
十二支	寅・卯・辰	巳・午・未	なし	申・酉・戌	亥・子・丑

いたる一〇日間をさします。この間の干支は、五行にあてると、たとえば、甲申では甲は木で申は金、というように相剋《そうこく》する関係にあるので凶となります。これは五行相剋という観念に由来し、金は木に勝つとされるからです。癸巳の場合も、癸は水で巳は火ですから、水は火に勝つ相剋なので凶となります。五行相剋は図示すると上図のようになり、水は火に勝ち、火は金に勝ち、金は木に勝ち、木は土に勝ち、土は水に勝つという関係になっています。他方、五行相生《そうしょう》は、木は火を生じ、火は土を生じ、土は金を生じ、金は水を生じ、水は木を生ずという関係になります。

十方暮のあいだは天地八方不和で、和合、相談、旅行に凶ともいわれ、さらに追い打ちをかけるように、十方を途方《とほう》と読み替え「途方に暮れる」と記されたりもしました。

不成就日は月切り（旧暦）の暦注で、八日間隔で配当されます。ただし、会津暦でもちいられたくらいで、伊勢暦にも貞享暦にも載っていません。とはいえ、民間ではひそかに使用されていたようです。不成就日ですから、文字どおり万事、事を起こすには良くない日で、結婚、開店、命名、移転、契約など、すべてに凶とされます。

かつての平安貴族は吉凶にとても敏感で、凶日には忌みをかたくまもりました。たとえば陰陽道で衰日《すいにち》（すいじつ）といって忌みごもりをする場合、それは逆に、体を休める意味もありました。そのため反語的に徳日《とくにち》ともよばれていました。いわゆる忌詞《いみことば》です。衰日（徳日）は現在の休日に相当するとかんがえれば、一理あったのです。つまり、身体に活力のない日は忌みつつしんで活力の回復を待つというかんがえでした。言い換えると、「忌み負け」しないように身をつつしむ、という消極的な態度です。

ところが、民間には「忌みに負けない人」「忌みに強い人」がいました。ふつうは身内

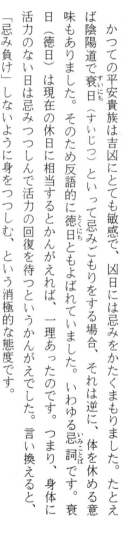

に不幸があって忌みがかかっているときは、畑や山に行くと草木や作物が真っ黒に枯れると信じられていました。しかし、「忌み負けしない人」のなかには、忌みがかかると急に何事もうまくいき、景気が良くなる人がいました。忌みの力を自分の生活に都合のよい力に変換できる人でした。

漁師が水死体をエビスとよぶ風習も、「忌み負け」しない例です。陸ではけがれを避けるために禁忌をきびしく守る漁師が、海上で身元不明の遺体を発見すると、エビスと呼んで陸にもどり、手厚くとむらって豊漁の予兆としました。

吉凶はコインの両面です。固定的に対立するものではありません。臨機応変、柔軟に対応することが肝心なようです。

【参考文献】

高取正男『神道の成立』平凡社、二五三〜二五六頁、一九七九年。

第33話

月切りと節切り

暦月と節月

明治五（一八七二）年まで使われていた旧暦では、「月切《つきぎ》り」と「節切《せつぎ》り」という二つの方法で年月日をあらわしていました。月切りは新月から満月を経てふたたび新月がくる朔望月の一ヵ月ですから、朔日《ついたち》から晦日《みそか》までです。

晦日といっても陰暦ですから、三〇日とは限りません。二九日の時もあります。大晦日は一年の最後の日ですが、一二月二九日という場合もあったのです。大晦日の翌日が正月一日、すなわち元日です。

他方、節切りは二十四節気にもとづき、立春から新年がはじまります。立春の前日が節分ですから、それが節切りのいわば年越しの日にあたります。豆まきをして鬼を追い出すのは、新年を迎えるためなのです。そして、立春から雨

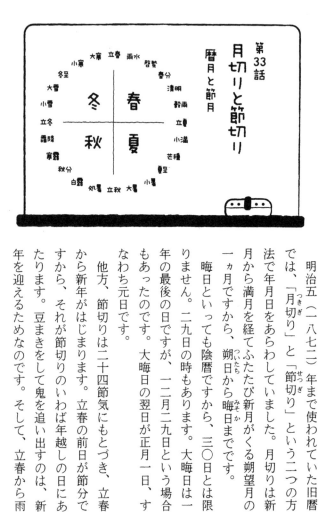

水を経て啓蟄《けいちつ》の前日までが、節切りの正月となります。

月切りでかぞえるひと月を、暦月《れきげつ》といいます。それに対し、節切りのほうは節月《せつげつ》と称します。月切りには暦月、節切りには節月が対応しています。二〇二一年の旧暦正月の場合、暦月のほうは二月一二日にはじまり三月一二日に終わる二九日間です。他方、節月の第一月は「正月節」といい、二月三日から三月四日までの三〇日間です。

春夏秋冬の季節にも、月切りと節切りの二種類があります。月切りの春は、上図のとおり、旧暦の正月から三月までの三ヵ月です。以下、四月から六月が夏、七月から九月が秋、一〇月から一二月が冬となります。その三ヵ月を初・中・晩の三つに分け、初春・中春・晩春（三春）などとよびます。たとえば、「中秋の名月」は、秋の真ん中の暦月である旧暦八月の満月のことをさします。

他方、節切りの春夏秋冬は、二十四節気にもとづいて決まります。春は立春から立夏の

【旧暦】

前日まで、夏は立夏から立秋の前日までです。秋は立秋から立冬の前日まで、冬は立冬から立春の前日、つまりいわゆる節分までです。「こよみの上では秋になりました」などと報じるのは、節切りの春夏秋冬です。俳句の季語も、基本的に節切りの春夏秋冬にもとづいています（黒板図）。

次に、暦注とよばれる日の吉凶に関しても、月切りと節切りがあることに目を向けたいと思います。まず月切りの日の吉凶としては、六曜《ろくよう》が有名です。六輝《ろっき》とも言いますが、先勝・友引・先負・仏滅・大安・赤口とつづく暦注のことです。

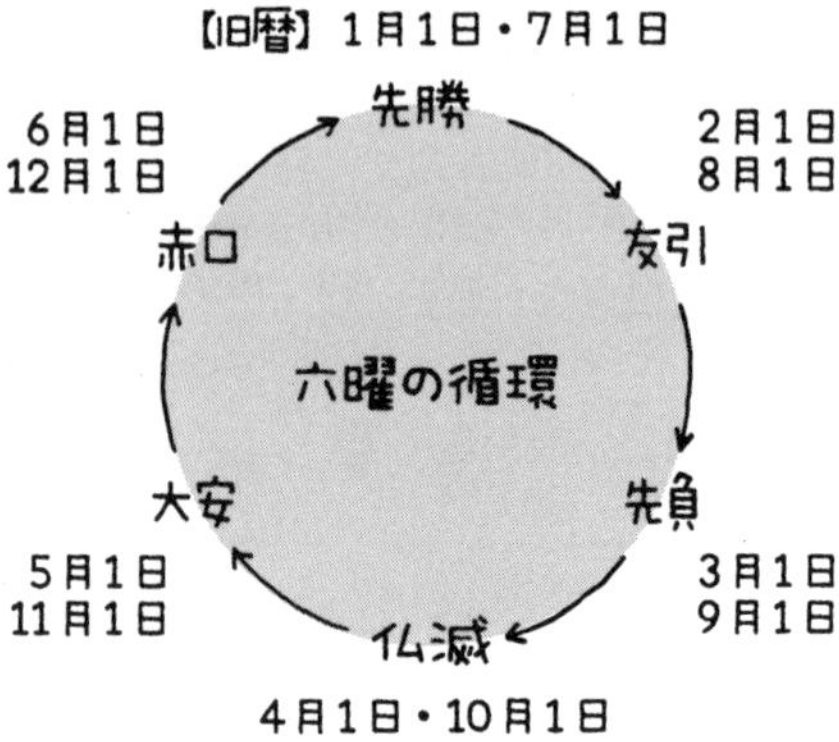

旧暦の正月は先勝からはじまり、二月は友引、三月は先負からの開始です。したがって、旧暦の元日は先勝、正月二日は友引、正月三日は先負、正月四日は仏滅、正月五日は大安、正月六日は赤口と規則的に配されます（右図）。旧暦時代には何の面白味もない暦注でしたので、暦には記載されませんでした。

ところが、新暦への改暦がなされると、旧暦の月替わりが新暦の暦月の途中に突然起こるので、不思議がられたのです。六曜が暦に載るようになったのは明治の中頃からでした。

他方、節切りの節月はもっぱら運勢学でつかわれています。閏月がないので、簡便と言えば簡便です。月切りには一九年に七回閏月が入るため、占いには向いていません。六曜を別として、ほとんどの暦注は節月をもとに日を選んでいます。言い換えると、運勢鑑定は月の満ち欠けとは関係なく、二十四節気をもっぱら基準にしているのです。

二十四節気は一太陽年を二四等分して割り出す方法で、紀元前数世紀前の中国で成立しました。二十四節気は長い間、一太陽年の時間を二四等分していました。

しかし、太陽を回る地球の軌道が円ではなく楕円形で、移動速度が一定でないことがわかってからは、三六〇度を二四等分する方法に切り替えられました。いわば空間を分割しているのです。春分が〇度で立春が三一五度であることは、本書の第39話で紹介します。

旧暦は廃止されましたが、月切りの暦月は中秋の名月や六曜に引き継がれ、節切りは二十四節気とそれにもとづく季語や運勢鑑定につかわれているのです。

第34話
年占の民俗
もう一つの一年の計

初詣の楽しみのひとつはおみくじです。大吉なら縁起がいいと喜び、たとえ大凶でも後は良くなる一方だとかんがえれば、心は落ち着きます。最近は、密を避ける意味でも初詣に二の足を踏む人が多いようです。その一方、正月三が日だけでなく一月いっぱい初詣ができる、と広報する神社もあるようです。

農漁村地帯には、正月に一年の吉凶を占う慣習があります。民俗学ではそれを総称して年占《としうら》と呼んでいます。占う事柄は、大別してふたつです。ひとつは作柄や漁の吉凶で、もうひとつは天候です。占う時期は主に旧暦の小正月、つまり最初の満月の晩です。節分にも占いはおこなわれます。江戸時代の津軽の「寒《かん》試《だめし》」のように、小寒から立春までの気象の変化を一年に拡大するものもありました（『こよみの学校Ⅱ』43話「雪国カレンダー」参照）。

占う方法もさまざまです。小正月に粥《かゆ》を用いる方法を粥占《かゆうら》といいます。粥のなかにその年の月の数だけ（平年は一二、閏年は一三）細い竹や葦の管を入れ、中におさまった粥や小豆《あずき》の数で月ごとの豊凶や天候を占うものです。本家でやるところもあれば、筒粥《つつがゆ》神事として神社でおこなうところもあります。粥棒とよばれる柳や白膠木《ぬるで》の棒に割れ目をつけ、そこにつく粥の量で判断するところもあります。

他方、豆占は節分の夜におこなわれます。豆は鬼に投げつけたり、歳の数を食べたりするだけではないのです。まず炉の灰に火箸で月の数だけ溝をつけ、そこに豆をならべて焼き、その焼け具合で月ごとの吉凶や天候を占います。白く焼けて灰になれば、その月は晴れの日が多く、黒く焼けると雨が多いとか、早く焼けてしまうと日照りにみまわれ、蒸気を噴き上げると風

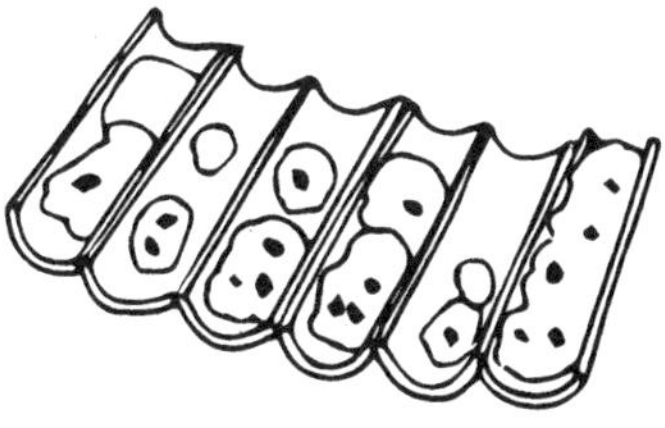

粥占

豆占

が強いなどと判断します。漁師の場合は、白く焼けると豊漁、黒く焼けると凶、半分白く、半分黒いと半吉というように占うのです。

粥や豆のほかにも餅や炭がつかわれます。三つの餅のつき具合によって早・中・晩種の吉凶をうらなう年見《としみ》もあれば、炭の燃え具合によって月々の天候を占う置炭《おきすみ》もあります。

正月行事の綱引きもまた、占いに用いられます。大阪府島本町尺代《しゃくだい》の諏訪神社では一月六日に弓引きとともに綱引きがおこなわれ、三回たたかって勝ったほうが豊作に恵まれるといわれています。ちなみに、弓引きのほうは一年の厄災を除くためにおこなわれます。わたしの勤務する吹田市立博物館では、二〇一七年秋の特別展示において、北大阪に今でも残っている貴重な行事として紹介させていただきました。

年占に似た外国の例も、ひとつ紹介しましょう。それはドイツのブライギーセン（鉛占い）です。スプーンに鉛を置き、ローソクの火で溶かし、水に入れて急に冷やします。そうしてできた形を見て、来る年の運勢を占うものです。ボールのように丸いとうまく転がると喜び、刀のようだと勇気がいるといい、カエルに似ていれば宝くじに当たるとされ、キツネだと賢く自

鉛占い

立できると判断されます。聖杯となれば将来は約束されたようなもので、仮面ならばどこでも歓迎されるとのことです。鉛のかわりに錫やワックスをつかうこともあり、ＥＵでは二〇一八年から有毒な鉛を禁止しているそうです。

最後に私事になりますが、齢《よわい》三〇の頃、奄美で宗教調査の最中に、調査仲間と一緒に元日、ユタと呼ばれる霊能者に占ってもらいました。それぞれに結果は知らされたわけですが、わたしの場合、そのうちのひとつは「七三歳が要注意、それを乗り越えると大丈夫」というものでした。その歳まわりが二〇二〇年に終わりましたが、考えてみれば、コロナ禍におそわれた一年でした。一刻も早くコロナから解放される日々が戻ることを願わずにはいられません。

第35話 十二直①
開（睦月）、納（如月）、平（弥生）

十二直《じゅうにちょく》は旧暦の暦注のひとつで、日々の吉凶を一文字であらわしています。一二種類あり、直には「当たる」「相当する」という意味がありました。現在では日めくりや運勢暦くらいにしか載っていませんが、旧暦時代にはもっともポピュラーな吉凶の暦注でした。伊勢暦などには暦の中段に記載されていたので、「中段」ともよばれていました。十二直の漢字と現代読みは次のとおりです。

建（たつ）　除（のぞく）　満（みつ）
平（たいら）　定（さだん）　執／取（とる）
破（やぶる）　危（あやぶ）　成（なる）
納／収（おさん）　開（ひらく）　閉（とづ）

この一二文字を十二支と組み合わせて配したのが十二直です。配列のルールは節切りで、冬至のある節月、つまり一一月節を基準とし、一一月の最初の子の日を建としました。翌日の丑の日は除となり、翌々日の寅の日は満です。一二月節の場合は、最初の丑の日が建です。つぎの正月節、つまり立春からはじまる月の場合は、最初の寅の日が建となります。このように十二直は配されるのですが、もうひとつルールがあります。それは、節入りの日のみ、その前日の十二直をくりかえします。つまり、おなじ十二直の字が二日つづくというわけです。なぜこのようなことをしたかというと、十二支と十二直はおなじ一二のサイクルなので、そのままでは、永遠におなじ組み合わせにしかなりません。それではおもしろくありません。そこで、ひと月に一日ずらしたのです。しかし、一二ヵ月たつと元のサイクルにもどります。

これから紹介するのは、意勢固世身《いせごよみ》（伊勢暦）見立《みたて》十二直という浮世絵です（国立国会図書館デジタルコレクションより）。折本の伊勢暦の表紙には「暦中段つくし」とあり、まさに十二直が月ごとに一二枚そろっています。作者は三代豊国《とよくに》（歌川国貞《うたがわくにさだ》）です。弘化期（一八四五〜一八四八年）から嘉永期（一八四八年〜一八五五年）にかけて製作されました。この浮世絵には、十二直の意味に合わせ、四季折々の女性たちの姿が描かれています。春にあたる睦月、如月、弥生の三ヵ月は十二直の開、納 平が対応しています。その

暦の中段

節月	二十四節気	節月の十二支	最初の建の日	子の日	丑の日	寅の日	卯の日	辰の日	巳の日	午の日	未の日	申の日	酉の日	戌の日	亥の日
正月節	立春	寅	立春後最初の寅の日	開	閉	建	除	満	平	定	執	破	危	成	収
2月節	啓蟄	卯	啓蟄後最初の卯の日	収	開	閉	建	除	満	平	定	執	破	危	成
3月節	清明	辰	清明後最初の辰の日	成	収	開	閉	建	除	満	平	定	執	破	危
4月節	立夏	巳	立夏後最初の寅の日	危	成	収	開	閉	建	除	満	平	定	執	破
5月節	芒種	午	芒種後最初の寅の日	破	危	成	収	開	閉	建	除	満	平	定	執
6月節	小暑	未	小暑後最初の寅の日	執	破	危	成	収	開	閉	建	除	満	平	定
7月節	立秋	申	立秋後最初の寅の日	定	執	破	危	成	収	開	閉	建	除	満	平
8月節	白露	酉	白露後最初の寅の日	平	定	執	破	危	成	収	開	閉	建	除	満
9月節	寒露	戌	寒露後最初の寅の日	満	平	定	執	破	危	成	収	開	閉	建	除
10月節	立冬	亥	立冬後最初の寅の日	除	満	平	定	執	破	危	成	収	開	閉	建
11月節	大雪	子	大雪後最初の寅の日	建	除	満	平	定	執	破	危	成	収	開	閉
12月節	小寒	丑	小寒後最初の寅の日	閉	建	除	満	平	定	執	破	危	成	収	開

理由はよくわかりませんが、一年の最初は「開」がふさわしい、と考えたからかもしれません。二月（如月、梅見月）の初午《はつうま》は伏見稲荷大社の創建日とされ、絵馬を奉納し商売繁盛を祈願しました。それで「納」を選んだのでしょうか。三月（弥生）は、桜の花見を楽しみ「平」かに暮らす月とみなしていたようです。以下、旧仮名づかいのままですが、各自、文章や句を味わってみてください。

開《ひらく》　睦月《むつましき》松飾《まつかざり》

開《ひらく》ハ開運吉兆《かいうんきってう》の瑞《ずゐ》にして　青陽来福《せいやうらいふく》の大吉日なり
去《され》バ南枝《なんし》の梅花《ばいくわ》喜悦《よろこび》の　眉玉《まゆだま》も恵方《えはう》ハ万《よろづ》よし原《はら》に
初道中《はつたうちう》の旅立《たびだち》よく春風春水《しゆんふうすゆんすゐ》　一時《いちじ》に来《きた》る中段《ちうだん》の中《ちう》
本《ほん》に梅暦《うめごよみ》の　封開《ふうきり》ハ婦幼童蒙《ひめわこ》たちの笑《ゑ》がほも　おもは
れわらふ門《かど》にハ福寿草《ふくじゆさう》の到来《たうらい》もの　おとし玉《たま》にハよきしな
なるべし　よろこびの眉《まゆ》もひらくや　初暦《はつこよミ》一度《いちど》に笑《わら》ふ
四方《よも》のやまやま

＊青陽とは春の異称。五行説では春は青色だからです。
＊眉玉とは繭玉のことか。小正月に餅で繭玉をつくり、木に飾って養蚕の祈願をしました。
〈**絵の解説**〉鉢植えに梅と福寿草がみえ、それが梅暦と福寿草に対応しています。

納《おさん》　梅見月《うめみつき》のはつ午《うま》
おさんハおさむる心にて万物収斂《はんもつしゅれん》の　吉日《きちにち》なり故《ゆゑ》に
きさらきの初午祭《はつうままつり》に　譬《たと》へて額《がく》を納《おさめ》るの良辰《りやうしん》と
するなるべし　強《あながち》におさんは下女《げじょ》の　名のみに
あらすと　いへり　願事《ねきこと》もかなふ　口入れ稲荷《いなり》
鮨《すし》　あら馬《うま》の繪《ゑ》の　額《かく》や納《おさ》めん

＊良辰とは良い日がら、吉日のこと。

＊おさんは下女の名前だけではないとわざわざ断っていますが、おそらく近松門左衛門作『大経師《だいきょうじ》昔暦《むかしごよみ》』を念頭に置いているのでしょう。というのも、大経師の女房おさんが誤って手代の茂兵衛と通じたことが、事件の発端になっているからです。

〈**絵の解説**〉如月の初午祭に荒馬の小絵馬を奉納する習俗が描かれています。鳥居の横に立つ幟《のぼり》には、稲荷大明神に贈られた正一位の称号がはためいています。

平《たいら》　弥生《やよひ》之《の》花《はな》見《ミ》

平はたいらか　なるをいふ　久かたの　ひかり
長閑《のどけ》き　さくら時　吹《ふけ》ばそよそよ　春風《はるかぜ》に
しつこゝろなく　今日《けふ》ばかり花《はな》見て　くらす平《たいら》な
日《ひ》なり　櫻《さくら》がり　うつゝ　こゝろの　夢《ゆめ》見《ミ》時《とき》
ねごとに　なりと　土産《いへづと》に　せん

＊桜がりは、秋の紅葉狩りとおなじ意味です。

＊土産に「いへづと」のふりがながついていますが、家へ持ち帰るみやげ＝家苞《いえづと》のことを意味しています。

〈**絵の解説**〉天狗の面をかぶり、三味線を担いでいる女の子が、桜のかんざしをつけています。

第36話 十二直②

成（卯月）、建（皐月）、危（水無月）

夏は、旧暦の月切りで四月（卯月）、五月（皐月）、六月（水無月）となります。意勢固世身《いせごよみ》見立《みたて》十二直では、それぞれ成《なる》、建《たつ》、危《あやう》があてられています。その見立ては成が日長で、建は鯉のぼり、危は夕立です。

成　成は物事が成就する意味なので万事に吉です。時候は夏のはじめ、四方の山々は青葉に覆われ、花は実となり、人々は薄着になります。日脚も長くなり、退屈しのぎに将棋を打てば、駒が成金になるという見立てです。歌の意味はよくわからないところもありますが、上空でひっきりなしに鳴いているこの時期の鳥、ホトトギスを詠んでいます。錦絵を見ると、キセルをもった女性が将棋盤の前に座って空を見上げ、そこに一羽のホトトギスが飛んでいます。コマ絵（枠内の絵）には将棋の駒が描かれています。

成《なる》　卯月《うづき》の日永《ひなか》
なるハ物毎《ものごと》成就《じやうしゆ》なす万《よろづ》の　ことに吉日なり時候《じかう》は
夏《なつ》のはしめとなる　四方《よも》の山やま青葉《あおば》となる　花《はな》
は実《み》となる　薄着《うすぎ》となる　日脚《ひあし》もましてなかめ
となる　退屈《たいくつ》の　徒然《つれづれ》に　将棋《せうぎ》の駒《こま》も　なる
といふ見立《みたて》なるべし　てつへんで手賢《てみ》　きんはなし
ひと声を　聞くにあひまも　なきほとときす

建　旧暦の五月五日は端午の節句です。柱を建てて鯉のぼりや吹き流しをつけ、武者の幟《のぼり》を立てたりします。もともと男児の成長を祝う日で、武家を中心としていましたが、次第に富裕な町人の家にも普及していきました。鯉のぼりは江戸時代後期から盛んとなり、当初は真鯉のみだったようです。祝いに欠かせない魚は鯛でした。女性たちのうしろには、太刀が二本飾られています。これは菖蒲太刀《あやめだち》（しょうぶだち）とか菖蒲刀《あやめがたな》とよばれるもので、菖蒲の葉に見立てた木刀の飾りものです。菖蒲が勝負に通じることは、言うまでもありません。

建《たつ》　皐月初幟《さつきはつのぼり》

建《たつ》ハ起立《きりう》の意《こゝろ》にして　初《はつ》の節句《せつく》ののぼり鯉《ごひ》　彼《かの》
竜門《りうもん》に昇天《せうてん》の奇瑞《きずゐ》を　示《しめ》す出世《しゆつせ》の開業《かいぎやう》静《しづ》けき
御代《ミよ》の例《ためし》とて上兜《あがりかぶと》や菖蒲太刀《あやめだち》飾《かざ》りて見世《みせ》の賑《にぎハ》ひハ
十軒店《じつけんだな》にをはり町妖魔《てうえうま》の邪気《じやき》を吹《ふき》ながし　雲井《くもゐ》にと
どく和児《わこ》の丈《たけ》是《これ》星雲《せいうん》の桟道《かけはし》ならまじ　撫《なで》さする肌《はだ》ハ
児《こ》の手《て》のかしはもち　愛《めづ》るは親《おや》乃ふたおもてなり

説明書きの文意は、およそ以下のとおりです。

建は起立の意で、男児の初節句には竜門に昇天した奇瑞を示す鯉のぼり、また紙製の上兜《あがりかぶと》や菖蒲太刀を飾って出世の開業を祝い、店が賑っているのは（現在の室町から銀座にかけての）十軒店に尾張町、妖魔の邪気を吹き流し雲に届くほどの男児の身の丈は、立身出世につながる青雲の架け橋となるであろう。

末尾の歌は、万葉集の「奈良山の児手柏《このてかしわ》の両面《ふたおも》に…」を下敷きにしています。ヒノキ科のコノテカシワの葉は、表と裏の区別がつかない形をしています。子どもの肌は柏餅のようで、親が子にそそぐ愛情は裏も表もない（両面）ということでしょうか。

危　斗魁《とかい》とは北斗七星の器にあたる部分のことです。険《けわ》しさは危と組み合わさり、危険という熟語になります。十二直の危《あやう》を六月に見立てたのは、滑りやすい氷からの連想です。氷室《ひむろ》におさめた氷を取り出しはじめるのが、「氷の節句」とか「氷の朔日」とよばれる六月一日です。朝はいい日和でも、手のひらを返したように急に見舞われる夏の夕立。法華経の信者も浄土信仰の阿弥陀堂に駆け込むと皮肉っています。

危《あやう》　水無月夕立《みなつきのゆうたち》

危《あやう》は斗魁《とくわい》の前の険《けん》に譬《たと》ふ　あやうき事《こと》のある日《ひ》なり　六月に見立《みたて》しは氷室《ひむろ》の　こほりを渡《わた》る心《こころ》歟《か》
朝《あさ》の日和《ひより》も手《て》の裏《うら》かへす　夕立《ゆうたち》の雷《かミなり》に　法華欠《ほっけかけ》こむ阿弥陀堂《あみたたう》　はぎ白《しろ》き　たをやめを見て雷《かみなり》は
おつこちといふ洒落《しやれ》は御無用

結びの歌は、雷を久米仙人《くめのせんにん》に見立てています。奈良の久米仙人は空中飛行の術を体得しましたが、洗濯女の脛《はぎ》が白いのを見て神通力を失い、墜落したと伝えられています（『今昔物語』、『徒然草』）。雷もまた、衣を脛の上までまくりあげる女性を見て落ちるという次第。錦絵を見ると、母子とも雷鳴に耳を押さえ、女性は右手で裾をたくしあげています。雷のほうはコマ絵に描かれています。

第37話　十二直③

除（文月）、満（葉月）、閉（長月）

旧暦の秋は、月切りで七月、八月、九月となります。八月が中秋で、その一五日が「中秋の名月」であることは言うまでもありません。伊勢暦の当て字である意勢固世身の見立十二直は、除《のぞく》（七月、文月）、満《みつ》（八月、葉月）、閉《とづ》（九月、長月）です。どういうしゃれた見立てになるのか、まずは七月（文月）からみてみましょう。

除　晒井《ゐどがへ》とは井戸の底にたまったものをさらうことです。浚渫《しゅんせつ》の二つの漢字はいずれも「さらう」（浚う、渫う）と読みます。それが、ここでは晒《さら》すの字が当てられています。晒井《さらしい》とも井戸替えともいい、水を汲み上げて、掃除をすることから除《のぞく》に見立てられているのです。しかも、近世においては、七月七日におこなう慣習がありました。というのも、井戸は地底の世界に通じる入口とかんがえられ、お盆を前に死者の通り道を整備する意味があったからです。

錦絵を見ると、下駄を履いた女性が玄蕃桶《げんばおけ》（火事用水の桶）をのぞいています。玄蕃桶の底にたまった水に濡れないように、下駄を履いて簪《かんざし》をさがしたのでしょうか。歌の「ふたほしあひ」とは、七夕に出会う牽牛星（彦星）と織女星（織姫星）のことをさしています。戸を二枚、横に重ねているのは、出会いを意味するのでしょう。なお、滑稽者流とか川柳風とか、見立てをユーモアやペーソスにたとえているのも味があります。また、域というのも段階や境地を指しているようで、意外に粋とかけているのかもしれません。

除《のぞく》　文月《ふみつき》の晒井《ゐとがえ》

除《のぞく》ハ物《もの》を取退《とりのけ》る意《こゝろ》にて覗《のぞき》見にハ　あらねども爰《こゝ》
が滑稽者流《こっけいしゃりう》の域《いき》なり　去年《きょねん》落《おと》した簪《かんざし》の玄蕃《げんば》へ這入《はいつ》
て　克出《よくで》たとのぞくといふ日《ひ》に　見たてしならん川《せん》
柳風《りうふう》に　井戸替《ゐとかへ》に下駄《けた》を　はいたハ大家《おふや》なり
井戸替《ゐとかへ》も　深《ふか》き契《ちぎり》と　七夕《たなばた》の　ふたほしあひと　戸を
よこにして

満　中秋の名月ですが、明月とも書き、清く澄みわたった月にほかなりません。満月でもあるので、十二直の満《みつ》に見立てているのです。と同時に、ここでは三味線にたとえて満《みつ》と三つをかけています。また、酒宴の興が満つることも引き合いに出しています。絵に描かれた女性は芸者と思われ、口をかけられて、帯を締め、支度をしているところのようです。提灯を持つ女性は夜道の先導役をはたすのでしょう。

満《みつ》　中秋《ちゅうしゅう》の明月《めいげつ》

満《みつ》るハ充益《みちおほ》ふ日とす十五夜《じゅうごや》の満月《まんげつ》に　見立《みたて》たり満《みつ》れ
バ口《くち》を係《かけ》るといふ　三筋《みつすじ》の糸《いと》に三《み》ッの音《ね》　しめ時《し》
節《せつ》ハ調度《てうど》　三絃《さみせん》の駒迎《こまむか》へ　引立《ひきたて》られて　酒宴《しゅえん》の
興《けう》も　みつるといへる　こゝろなるべし　座《ざ》をも
ちの　月見《つきみ》に調子《てうし》　あハせては　うたひ女《め》もひく
三味線《さみせん》の駒《こま》

閉　閉は綴《ちじ》るのこじつけだという。新しい浄瑠璃本も、欠本のある端本《はほん》としておくよりも一緒に綴じておくとなくならないとお師匠さんは親切に教えてくれるが、九月との関係はどうなのかと問う。すると浄瑠璃をきく月だと答えたとか。この「きく」は聴くと菊をかけているところが洒落《しゃれ》になっています。なぜなら九月は菊月ともいい、九月九日の重《ちょう》陽《よう》は「菊の節供」という美称をもっているからです。錦絵にも、黄金や白銀に見立てた鉢植えの菊が描かれています。なお、神明祭《しんめいさい》との関連で生姜《しょうが》の絵が添えられているのは、「関東のお伊勢さま」「芝の新明さま」として知られる芝大神宮の九月の祭りに、近隣でとれた生姜が長寿を願う縁起物としてさかんに売られたからです。

閉《とつ》　菊月《きくつき》の神明祭《しんめいまつり》

閉《とつ》は綴《とつ》るの固辞付にて　新《しん》上るりも端本《はほん》で置《おく》より
いつしよに綴《とつ》るとなくならぬと　お師《し》匠《しやう》さんの心《こゝろ》
の深切《しんせつ》　夫《それ》でハ九月の　縁《えん》がなひと　言《い》へハぬ
からず　浄瑠璃《じやうるり》を　きく月ならんと　こたえしと
か　目《め》に富《とみ》て愛《めづ》らん　花《はな》を白銀《しろかね》や　黄金《こかね》とも

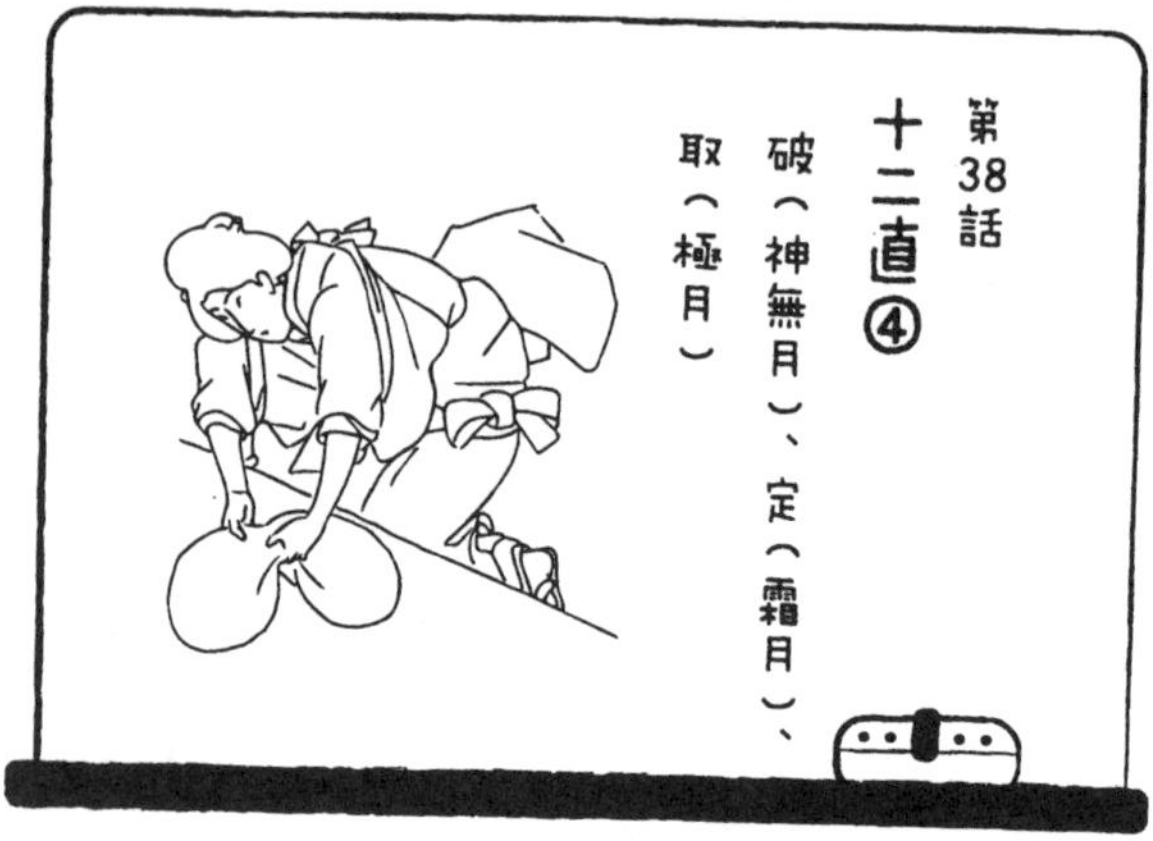

旧暦の冬は、月切りで一〇月（神無月）、一一月（霜月）、一二月（極月、師走）ですが、節切りでは立冬から立春の前日までとなります。立春の前日は節分です。ほんとうは節分は年に四回あるのですが、立春の時だけ鬼の追儺《ついな》をともなって重視されるようになりました。見立十二直での配当は破《やぶる》が一〇月、定《さだん》が一一月、取《とる》／執《とる》が一二月となっています。

破　一〇月の和名は神無月《かんなづき》（かみなしづき）です。この月に、神々はみな会議のために出雲に行っているので、地元には神がいないという意味です。逆に、出雲では神在月《かみありづき》と言います。二十日夷《はつかえびす》と称して夷講《えびすこう》がおこなわれるのは、エビスだけは留守居をするという伝承にもとづいています。表題の絵にはエビスが祀られ、御神酒やゆかりの鯛が供えられています。

破《やぶる》　神無月《かミなし》　夷講《ゑひすこう》

破《やぶる》ハ物毎《こと》整《とゝの》ハず相談《さうだん》やぶるゝ悪日《あく》なり夷講《ゑひすこう》の
富《あて》がはづれて約速《やくそく》の文《ふミ》の返事《へんじ》のゑびす紙《かミ》に鼠なき
も　ちりとなる大黒にあらねバ其筈《そのはつ》なるべし物
皆間違《ミなまちがひ》茶碗《わん》へついで　ひつかけるあをつきりハ禁酒
を　是も破《やぶ》るなるべし　かみハミな　出雲《いつも》へたゝ
せなひけり　立ちのこりたる　恵比寿かミの名

十二直の破《やぶる》はものごとがととのわなくて、相談事もやぶらざるをえないような縁起の悪い日です。夷講の当てが外れて、とあるのは富くじに当たらなかったからでしょうか。

「約束の文の返事を書きつけたえびす紙（紙を重ねて裁つとき、角が折れ込んで裁ち残しのある紙）は、鼠にかじられたわけでもないのに塵となる。鼠と関係が深い大黒ではないので、それももっともである。」というのです。たしかに大黒は米俵の上に座っている姿をとり、米を食いあらす鼠とは縁があります。

「茶碗に注いでひっかけるあおっきり（筒茶碗の口に引いた青い筋、また、そのような茶碗の青切）はこれも禁酒を破るものである。」と続き、さらに、和歌がそれに続きます。
「神はみな出雲へ立っている。立ち残り（裁ち残りのしゃれ）たる神の名は恵比寿である。」

絵に目を転じてみましょう。塵となる破れた紙を見つめる女性は、青切の筒茶碗をあおろうとし、膝もとにはお銚子と酒樽が描かれています。

定　表題の絵には顔見世に出演する役者の幟が描かれていて、坂東亀三郎、中村芝翫丈、沢村田之助が人気役者だったことがわかります。他方、女性が見つめるのは婚儀の酒樽と鰹節のしめ飾りです。

定《さだん》　霜月《しもつき》顔《かお》見世《みせ》
さだんハ定《さたむ》と云意《いふい》にて　物事取結《とりむす》ぶ事に　用ゆる
日《ひ》なり　然《され》バ猿若町《さるわかまち》ハ　顔《かお》見世に来《く》る　年《とし》の座《ざ》
組《くみ》を　定《さだ》め嫁《よめ》取《とり》婿《むこ》取《とり》の　婚儀《こんぎ》を定《さだ》むる　霜月《しもつき》に
見立《みたて》しなるべし　両方《りやうほう》で声色《こハいろ》ならぬ鸚鵡《あふむ》石《せき》　め
でたしといふ祝言《しうげん》の席

「さだんとは定《さだむ》という意味で、物事を取り結ぶ日である。それで猿若町は霜月恒例の歌舞伎の顔見世に来る座組を定め、嫁取婿取の婚儀、つまり婚礼を定める霜月（秋の収穫が終わった時期）に見立てている。両方で音をよく反響させる鸚鵡石《おうむいし》のように、嫁や婿をやりとりする双方でめでたしという祝言の席。」と述べています。

石《せき》と席の韻を踏んでいるところもしゃれています。

鰹節は「雄節」と「雌節」がぴったり合わさっていることから「夫婦の象徴」とされる縁起のいいものです。また「勝男武士」の字を当て、江戸時代にはもてはやされました。さらに鰹節自体が末永く長持ちするという意味でも、ありがたい品物でした。他方、女性の右手と足もとには、お歯黒の道具が描かれています。江戸時代以前には信長や秀吉などの武士もお歯黒をしていたとされますが、江戸時代には都市部の婦人たちの慣習となり、嫁入道具として定着していきました。

取　執は、万物を執ったり断ったりすることのすべてにふさわしい日です。新玉《あらたま》の春を迎えるために煤を取り、商売では掛け売りの代金を取り、節分には歳をとる師走にたとえられます。和歌の意は、頭巾を脱いで節分に食べる豆の数で年齢がばれてしまうということです。
節分と旧正月は時期的には近く、月切りで歳をとる数え方と節切りで年齢がばれてしまうことを理解して、はじめてしゃれの意味が通じます。絵のほうは餅つきの様子を描いています。枝に餅をつけた餅花は、農村ではふつう小正月（正月一五日）の豊作祈願の祝いにつくられますが、都会の江戸では大正月（元日）に合流するようになっていました。

取《とる》　極月《こくげつ》の餅搗《もちつき》

執《とる》ハ克万物《よくばんもつ》を　執断《しゅたん》す摠《すべ》て取事《とること》に　用《もちふ》る日《ひ》なれ
バ新玉《あらたま》の　春《はる》を招《むかへ》に煤を取《とり》　商売《しょうばい》は懸《かけ》を取《と》り
節分《せつぶん》に年《とし》を取《と》る　師走《しハす》の事《こと》に論《たとへ》たり　隠《かく》されぬ頭《つ》
巾《きん》を脱《ぬ》いで豆《まめ》の数《かず》　年《とし》の本名《ほんミやう》なのる節《せつ》ぶん

第5章　祝日、記念日、節目の日

建国記念の日に「の」が入った理由、社会主義運動が生み出した「国際婦人デー」の変遷を解き明かします。また、一二四年ぶりに二月二日に節分がなったわけや二年連続で一〇月の祝日が消えた経緯についても解説します。他方、中国伝来の社日《しゃにち》の日本的展開についても検討します。

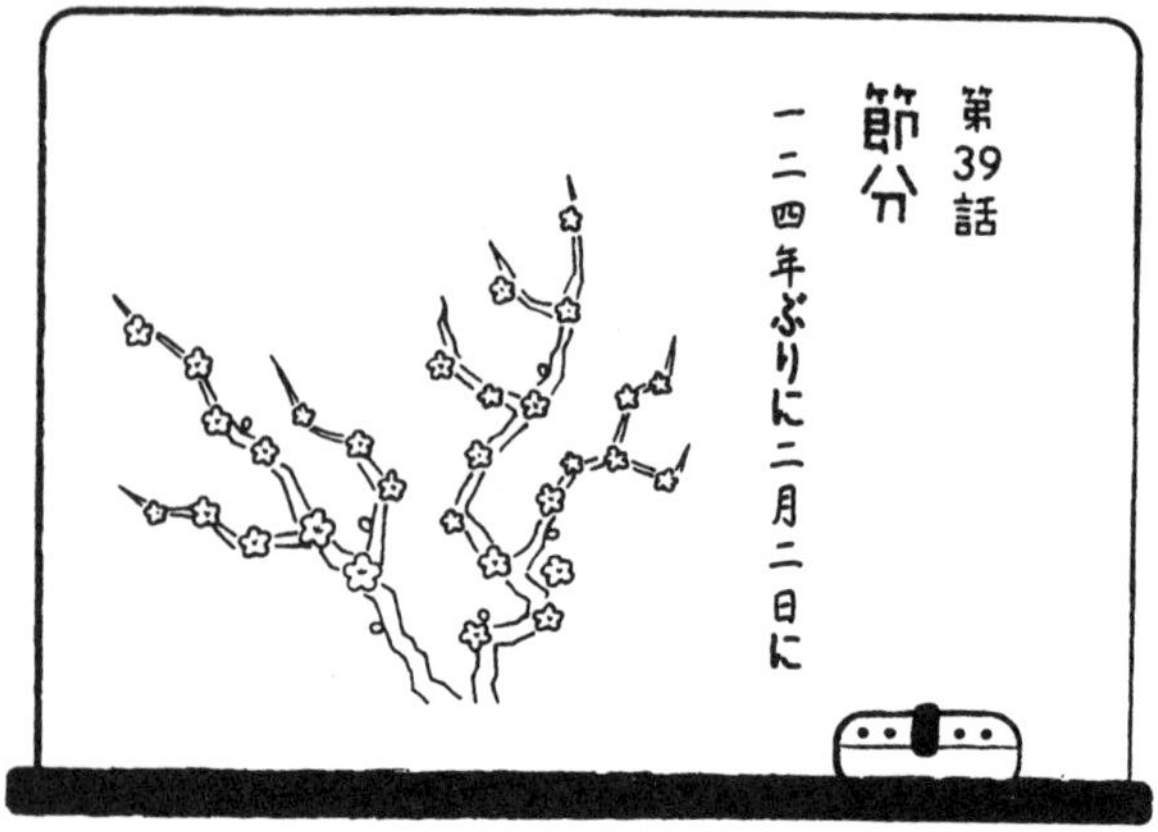

節分は立春の前日です。季節を分けるのがその意味です。したがって、本当は立夏、立秋、立冬の前日も節分なのですが、立春の時だけ「豆まきの日」として特別扱いされています。その理由は後で述べるとして、二〇二一年にはもうひとつ、特別なことが加わりました。なぜなら、明治三〇（一八九七）年以来、一二四年ぶりに二月二日になるからです。年によって、なぜこのようなちがいがおこるのでしょうか。

　現在、立春は太陽の黄経《こうけい》が三一五度になるときと定義されています。二〇二一年は、それが二月三日二三時五八分五〇秒前におきると計算されています。国立天文台が発表している「暦要項」は分の桁までなので、二三時五九分となっています。一分あまりという実に微妙な

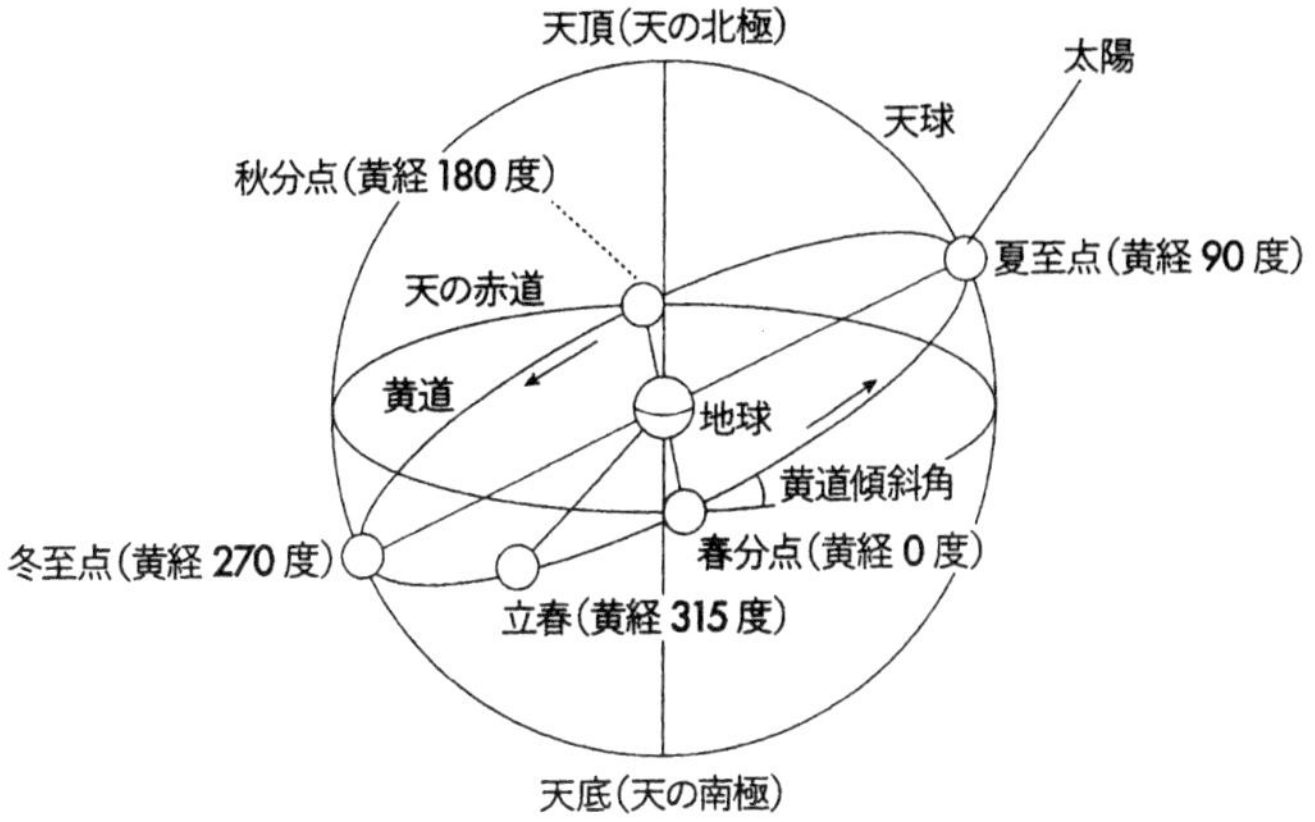

差で立春は二月三日となるのです。それにともない、節分はその前日、二月二日にやってきます。

太陽の黄経とは、黄道《こうどう》上の太陽と地球とを結んだ線の角度のことを指します（図参照）。黄道というのは、地球から見て太陽が一年間に移動する楕円の軌跡のことです。春分の時を黄経〇度とすると、夏至は黄経九〇度、秋分は黄経一八〇度、冬至は黄経二七〇度となり、立春はちょうど三一五度というわけです。

節分といえば、なぜ立春の前日だけ特別なのか。その理由は、節切りの新年が立春からはじまるからだ、とかんがえられます。また旧暦の月切りの新年も、立春の前後にやってきます。そのため「年内立春」ということが時々おこります（『こよみの学校』第7話、本書第33話参照）。二〇二二年の旧正月（中国の春節）は西暦の二月一日ですので、まさに「年内立春」

の年にあたります。しかも、翌年の西暦二〇二二年は一月三一日に旧暦の大晦日を迎えるので、二〇二二年は、旧暦上は立春のない「無春年」となります。

二〇二一年から三七年前、一九八四年の節分は二月四日でした。一九八五年以降、三六年間、節分はずっと二月三日と安定していました。しかし、これからは乱れます。二〇五七年まで、四年毎に二月二日になります。翌二〇五八年もまた二月二日です。二年続けて二月二日となります。その後、二月三日が二年続きます。二年、二年で二日と三日というパターンが二〇八八年まで続きます。二〇八九年からは二月二日の年が三年続き、二月三日の一年をはさんでまた三年間、二月二日となります。そうして二一世紀の終わりを迎えます。

このことは、二至二分（冬至・夏至、春分・秋分）にとって何を意味するのでしょうか。暦研究家の須賀隆氏によると、二〇二〇年から二〇五五年までは、「立春と入れ替わりに夏至が六月二一日に固定される期間」に入ると言います。これが二〇二一年から三五年間続くわけです。そして二〇五六年以降は、二至二分のすべてがいわば不安定期に入り、世紀末に至ります。

節分は中国伝来、と思う人もいるかもしれません。たしかに邪気や悪鬼を払うという意味ではほ中国的な観念を受け継いでいますが、ほとんど日本独自に発達した節日です。そのため、二十四節気や五節句など中国風の暦日とは区別して、彼岸や八十八夜などとともに雑節のひとつに数えられています。一般には「豆まき」で知られる行事は仏教的には追儺《ついな》とか鬼遣《おにやらい》とよばれ、宮中行事であったものが民間にも広がったものです。歳の数だけ豆をひろって食べるのは、年取りの行事でもあったからです（本書第33話参照）。

節分の日、家の入口に鰯《いわし》の頭を指した柊《ひいらぎ》の枝をさしておく風習もあります。それは、鰯の悪臭と柊のとげで鬼を退散させるためです。「鰯の頭も信心から」ということわざは、ここに由来します。鰯の代わりに、臭いのきついニンニクやネギをつかう地方もあります。

昨今では恵方巻にかぶりつく風習が全国に広まりました。スーパーやコンビニで太巻き寿司のいわゆる恵方巻を売るようになったのは、一九九〇年前後からです。ちなみに、二〇二一年の恵方は「南南東」です。コロナ禍のさなか、厄除けの節分は重い意味をもちそうです。

【参考文献】

須賀隆「立春と二至二分の日付の推移」『日本暦学会』第二七号、一一二〜一一三頁、二〇二〇年。

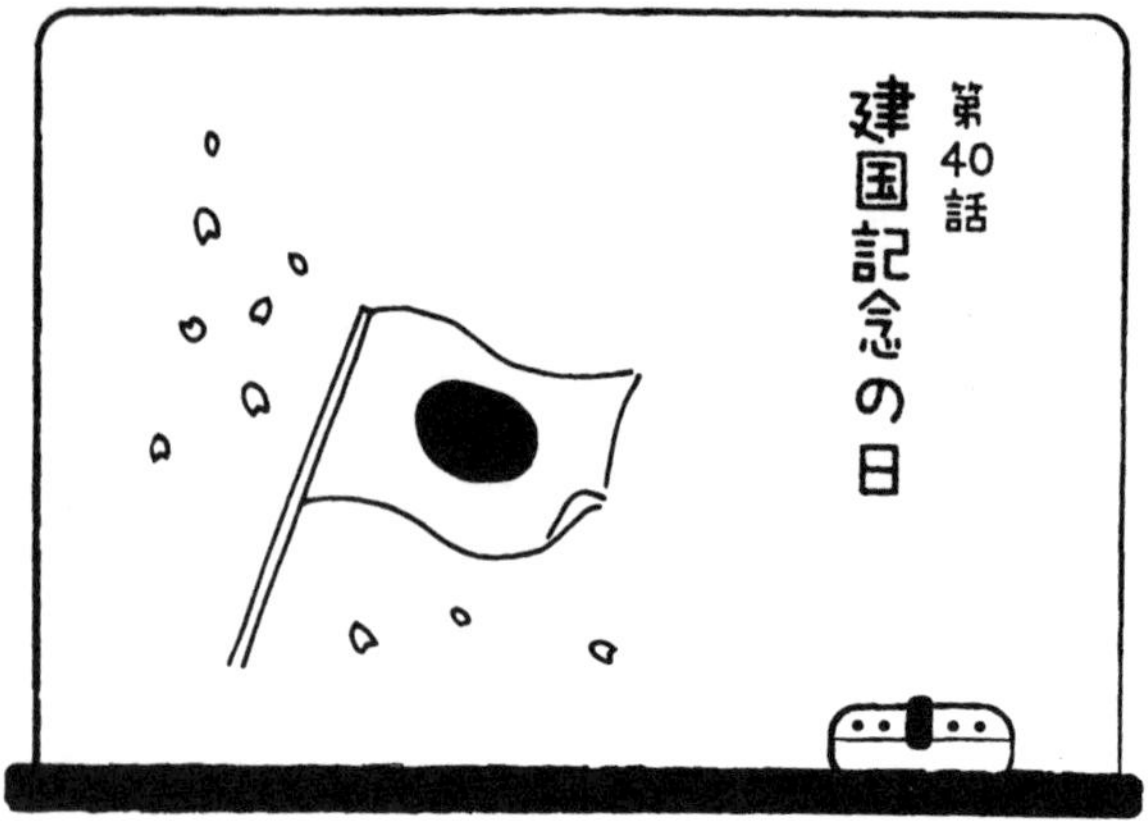

個人に誕生日があるように、国家にも創立の記念日があります。革命記念日や独立記念日といった一般的な名称もあれば、中国の国慶節や韓国の光復節のように、独特な呼び方もあります。バスチーユ牢獄襲撃の日を記念するフランス国民祭（いわゆるパリ祭）も、比較的よく知られています。

ドイツには、一九九〇年の東西ドイツの統一を記念する日がもうけられています。その一方、建国記念日をもたないイギリスのような国もあります。ざっと見ただけでも国家の成立は一筋縄ではなく、記念日の多様な名称がそれをよく示していると言えます。

日本には国家の誕生日があります。それが現在の「建国記念の日」であり、戦前は紀元節と呼ばれていました。いずれも二月一一日ですが、実は過去には一月二九日を紀元節としていた年がありました。くわしく見てみましょう。

明治改暦は、明治六（一八七三）年一月一日になされました。その前年、一一月九日（太陽暦一二月九日）に天皇から改暦の詔書がくだされ、同日付で太政官から公布されました。その明治六年の一月二九日は、旧暦の元日だったのです。というのも、神武天皇が橿原宮《かしはらのみや》に即位したのは、『日本書紀』によれば辛酉《しんゆう》年の春正月の庚辰《こうしん》の朔《ついたち》とあるからです。明治六年の暦には、一月二九日の欄外に「神武天皇即位日」と記されています。

当時の実態としては、改暦があまりに急だったため、便宜的に紀元節を旧暦（天保暦）の正月一日に定めた、とみることができます。実際、その日に祭典もおこなわれました。

他方、旧暦の太陽暦換算も急ピッチで進められ、明治六年三月七日には名称を「紀元節」と称することに決め、六月九日には祝日を二月一一日に定めることが布告されました。

紀元節という命名は、神武天皇即位紀元からきています。それは即位の日を暦のスタートとする紀年法ですが、略して神武紀元あるいは別称で「皇紀」とも言います。西暦に換算すると、紀元前六六〇年にあたります。

明治七年は、神武天皇即位紀元二五三四年でした。明治七年甲戌《こうじゅつ》太陽略暦の表紙裏か

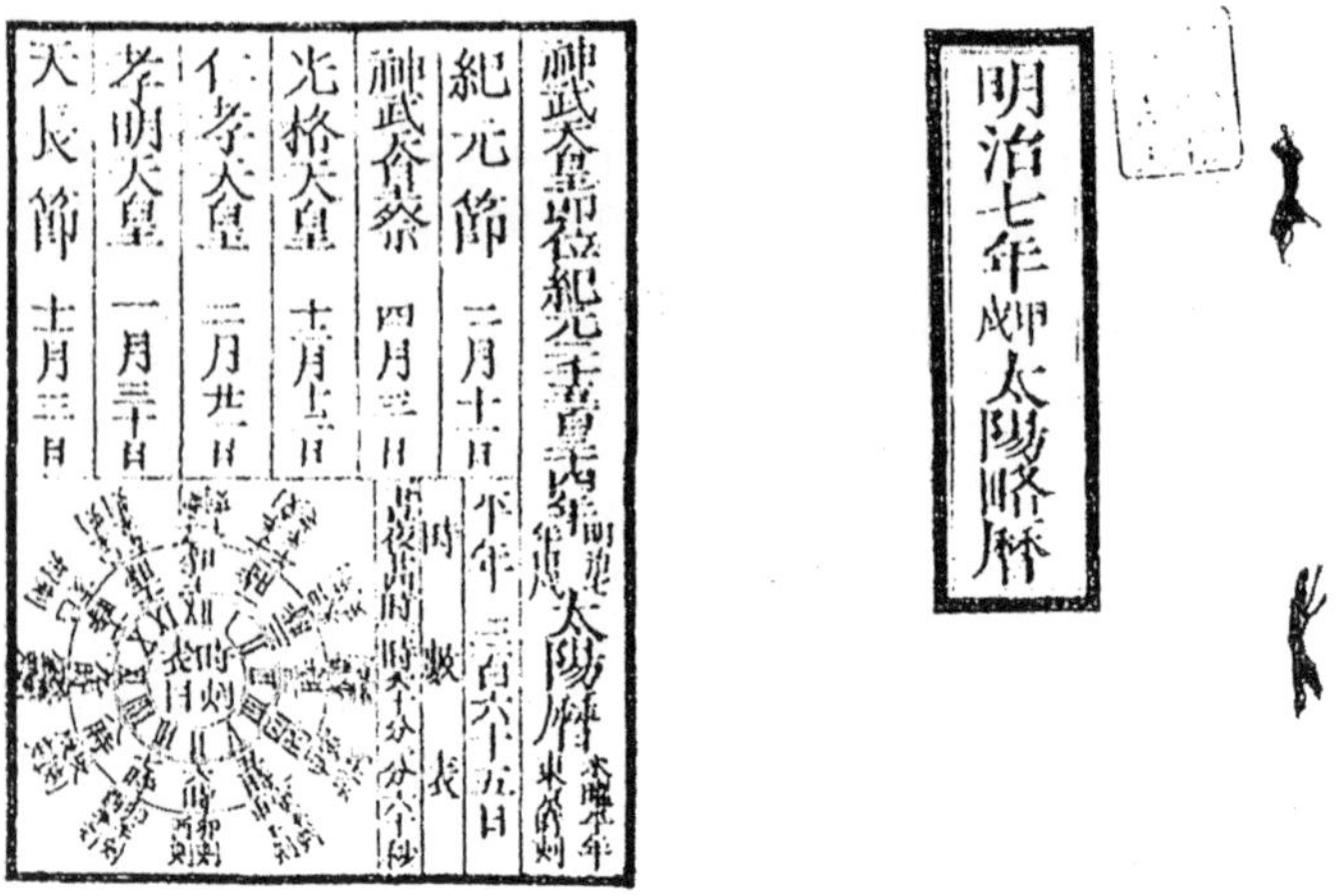

らはじまる暦首の部分を見ると、神武天皇即位紀元を先に置き、年号は二行に分けて小文字で記しています。このことから神武紀元が正式で、年号が略式のあつかいとなっていることがわかります。

紀元節の祭は宮中で天皇みずから皇族や官僚を従えておこない、神楽の奏楽がありました。明治二二（一八八九）年には紀元節の日に大日本帝国憲法が発布され、大正三（一九一四）年からは、伊勢神宮をはじめ全国の神社でも紀元節祭がおこなわれるようになりました。

しかし戦後、それまでの祝祭日は行事のない休日とされ、昭和二三（一九四八）年七月二〇日、新しい九つの「国民の祝日」が公布・施行されるようになりました。ただし、紀元節をうけつぐ「国始の日」は保留となりました。

その後、紀元節復活の動きは国会の内外でくすぶりつづけ、昭和四一（一九六六）年一二月九日に、敬老の日・体育の日とともに「建国記念の日」が制定されました。この間、さまざまな議論がありましたが、建国記念日ではなく「の」を入れて与野党の妥協がはかられました。その意図は「建国されたという事象そのものを記念する日」とも解釈できるようにした点にあります。かくして「建国をしのび、国を愛する心を養う日」として二月一一日は、「国民の祝日」に加えられました。

「紀元節」と「建国記念の日」は季語として俳句にも詠まれています。

　人の世になりても久し紀元節（正岡子規）

むらさきの山河建国記念の日（井上弘美）

【参考文献】

岡田芳朗『明治改暦―「時」の文明開化』大修館書店、一九九四年。

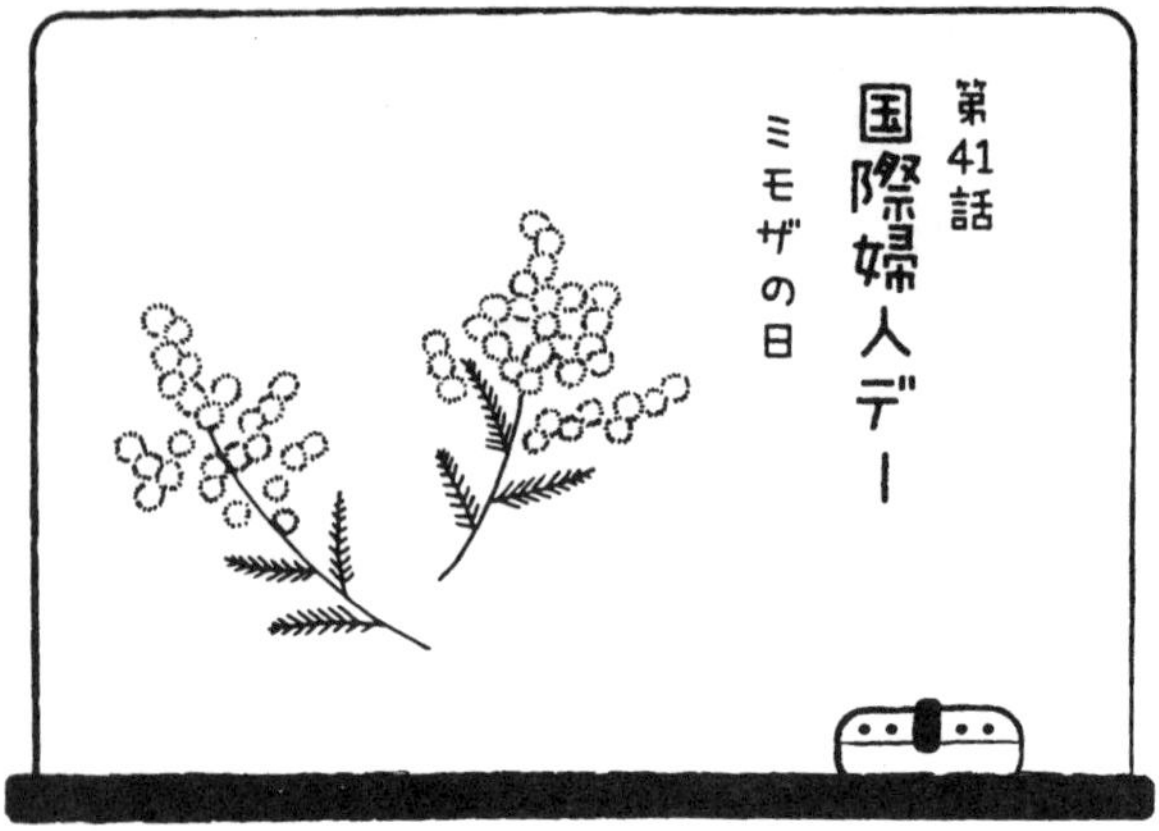

三月八日の国際婦人デーは、国際女性デーとも言われ、英語ではInternational Women's Dayと称しています。一九〇九年の二月二八日、ニューヨークで女性労働者が婦人参政権を要求してデモ行進をおこなったことに由来しています。その後、一九一〇年にコペンハーゲンで開催された第二回国際社会主義者婦人会議で、「女性の政治的自由と平等のために闘う」記念日として決議されました。

　翌年の三月一九日、オーストリアやデンマーク、ドイツ、スイスで初めて実施され、一〇〇万人を超える参加をみました。他方、アメリカでは二月の最終日曜日に開かれていました。三月八日となったのは一九一四年のドイツからで、その日が日曜日であったことによるらしく、それ以降、各地で女性たちの集会がその日に開催されるようになりました。

ロシアでは、一九一三年にユリウス暦の二月最終土曜日に祝われました。そして一九一七年のロシア革命を迎えます。ユリウス暦の二月二三日（グレゴリオ暦の三月八日）、首都ペトログラードでの国際婦人デーにおけるデモがふくれあがり、軍隊の反乱を誘発し、皇帝退位にまで発展しました。いわゆる二月革命です。その後、一〇月革命を経てソビエト連邦が成立しました。

ソ連では婦人労働者によるデモから革命が成就したことから、三月八日の国際婦人デーは、革命記念日（一一月七日）やメーデー（五月一日）にならぶ重要な記念日となりました。とはいえ、一九六五年までは休日ではなく労働にいそしむ日だったそうです。

国連は一九七五年を国際婦人年と定め、社会主義運動のなか

から生まれた国際婦人デーを祝うようになりました。一九七七年には、国連総会で三月八日を「女性の権利と世界平和のための国連デー」に指定しました。

旧ソ連の社会主義体制は一九九一年に解体しましたが、国際婦人デーも次第に政治色を失い、かわりに男性が女性を大切にする日という意味合いが強くなりました。男性から恋人や妻に花束を贈るとか、男性が家事を肩代わりするとか、バレンタインデーにも似た性格を帯びてきました。女性たちは掃除、洗濯をはじめ、料理とその後片付けなどから解放され、一年に一度、解放感を満喫できる日になっていったそうです。

ロシアでは、労働の種類における男女差は小さいと言われています。重機や大型トラックを運転し、女性初の宇宙飛行士テレシコワさんもいるほどです。また、研究職も半数近くが女性のようです。とはいえ、家事や育児は圧倒的に女性の負担となっていて、それでも日本ほど出生率が下がらなかったのは、育児支援施設が整備されていたからだそうです。いずれにしろ、依然として男社会であることに変わりはなく、日本同様、課題が多いようです。

他のヨーロッパ諸国は、世界婦人デーをどのように祝っているのでしょうか。たとえば、イタリアでは「ミモザの日」とよばれ、男性は恋人やパートナーだけでなく、母親や祖母、友人や仕事仲間など、大切に思う女性たちに季節の花であるミモザを贈る習慣があります。

これは第二次大戦直後、イタリアの女性連合が提唱したことに端を発しています。当初は多少高価なスミレも候補にあがっていましたが、貧富に関係なく誰でも贈ることができるという理由で、ミモザに決まったそうです。

ミモザは、マメ科ネムノキ亜科アカシア属の花の総称です。黄色くて丸い小さな花が集まって咲くのが特徴です。開花期には木全体が黄色い雲のようになり、南仏では「冬の太陽」とよばれています。花言葉は「感謝」です。

最近、日本でも「国際女性デー」と銘打ったイベントがポツポツおこなわれるようになりました。ミモザの花もプレゼントに使われはじめています。その行く末を注意深く見まもっていきたいと思っています。

【参考文献】
佐々木史郎「ロシアの国際婦人デー」『月刊みんぱく』二〇一二年三月号、国立民族学博物館、二〇～二一頁。

第42話 社日

土地神をまつる日

社日《しゃにち》は雑節のひとつです。雑節とは、二十四節気と五節句（人日、上巳、端午、七夕、重陽）以外の季節の移り変わりを示す暦日のことです。ふつうは節分、社日、彼岸、八十八夜、入梅、半夏生、土用、二百十日、二百二十日の九つです。社日は年二回あり、春分と秋分にもっとも近い戊《つちのえ》の日と決まっています。ただし、前後が同日数の場合は、前の戊の日のほうをとります。そして春の社日を春社とよび、豊穣を祈願し、秋のそれを秋社とよんで収穫に感謝します。

戊は五行説では土です。また「社」は中国では土地の神を意味しています。もともとは、集落の中心に建てた石や木の標示物がのちに土地神になったとされています。「社稷《しゃしょく》」という

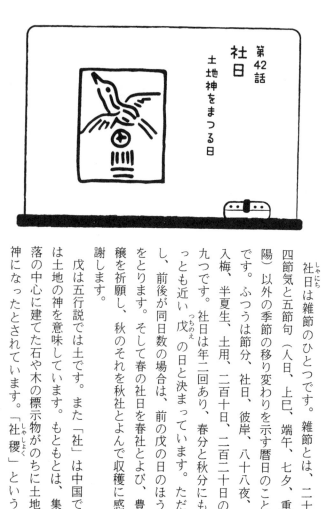

熟語がありますが、「稷」とは、禾《のぎ》偏から連想されるように、穀物の神を意味しています。したがって、社稷とは土地神と穀物神をまつることをさし、方形の社稷壇をもうけ、皇帝が五穀の豊穣と国家の平安を祈りました。そのため、社稷と言えば、後には国家の祭祀を意味するようになりました。

雑節の多くは、入梅にしろ二百十日にしろ日本の風土から生まれたものですが、社日は中国伝来です。しかしながら、日本の神観念や慣習と結びつき、日本的な変容をとげました。たとえば地神《じがみ》がその一例です。地神は、屋敷神として宅地の一隅にまつられています。チジン、ジシンと音読みにする場合もあれば、ジガミ、ジノカミなどと訓読みにすることもあります。土地神と作神（農業神）の性格をもち、関東では各地に地神講がつくられ、春秋の社日に祭りをおこなっていました。社日講とよぶところもあります。

地神講や社日講の祭りをおこなうところから、社日には地面をいじらないとか、戸外で仕事をしないとかのタブーがあります。農具や土地を休める日という言い方もしました。

地神

また、山梨県や静岡県には、社日詣《しゃにちもうで》と称して老人たちが近隣の七つの石鳥居のある神社に連れだって参詣する風習もありました。中風《ちゅうぶう》や粗相《そそう》を避ける目的でした。福岡県には社日潮斎《しゃにちしおい》といって、春秋の社日に海から海水や砂をとってきて、屋敷を清める習俗もありました。

春と秋の社日が対になっているところから、田の神が春社に来て秋社に帰るという伝承も各地に伝えられていました。南部の絵暦には、ツバメの去来で春と秋の社日を示すという工夫もみられました。春の社日は種籾を浸す目安とし、秋の社日には種籾の調整をする日としていたところもありました。

社日は漢文の具注暦には記載されましたが、仮名暦では載せていないものも多く存在します。渋川春海《はるみ》のつくった貞享暦（一六八五年から施行）以降は、冒頭に述べた原則に従い、社日が記載されるようになりました。明治改暦の

ときも、いわゆる迷信的暦注とは区別されて残りました。しかし、現在の国立天文台編の『理科年表』に雑節として掲載されているのは、土用（年四回）、節分、彼岸（年二回）、八十八夜、入梅、半夏生、二百十日の七種類です。社日は二百二十日とともに脱落してしまいました。

わたしが社日や地神について最初に調査したのは、北海道でした。北海道開拓に関係の深い神仏といえば、まず、馬頭観音《ばとうかんのん》と地神をあげることができます。開墾の苦労をともにした馬と、土地の神としての地神です。いずれも、神社の境内などに石碑や石塔が建てられています。地神には地鎮の字をあてたものもあります。開拓者たちの発意によるもので、いわゆる民間信仰にもとづいています。

内地の民間信仰の多くは北の大地に到達しませんでしたが、馬頭観音と地神の信仰は、開拓と強く結びついて人びとと共に渡道したのです。

第43話
国民の祝日がない六月
二年連続で一〇月も

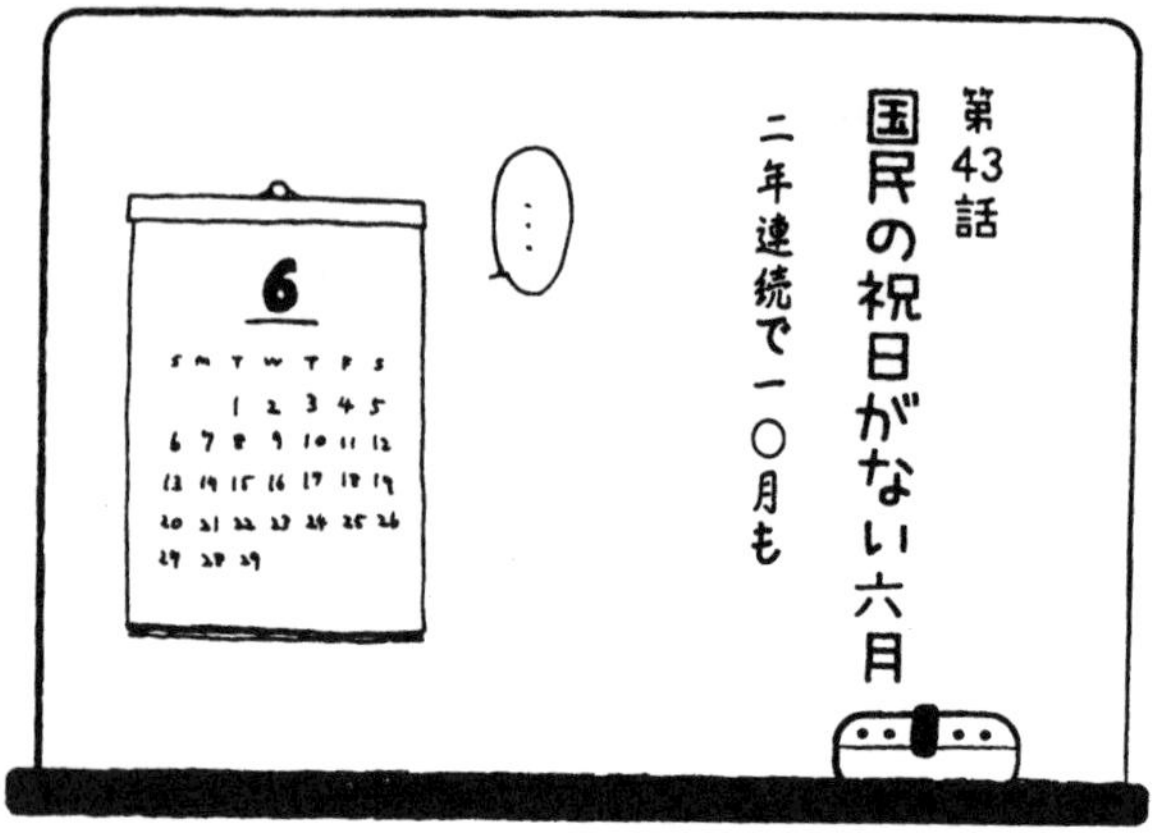

二〇一六年、山の日が八月一一日に制定されるまで、国民の祝日のない月は六月と八月でした。山岳関連団体は当初、六月の第一日曜を候補にあげていました。しかし、祝日数が多すぎるという産業界からの意見もあり、またお盆につければ影響が少ないという慎重論も手伝い、さらに御巣鷹山《おすたかやま》の航空機事故が発生した八月一二日を避けるという意味もあって、八月一一日に落ち着きました（『こよみの学校Ⅱ』第29話参照）。その結果、祝日のない月は六月だけとなりました。

二〇二〇年、東京オリンピック・パラリンピックの開催にあわせて、祝日を移動させる措置がとられました。新型コロナウィルス感染症のため東京オリパラが一年延期されても、それは変わりませんでした。主たる理由は、大会関係者の移動をスムースにするためです。内閣府のチラシには次のように書かれていました。

東京二〇二〇オリンピック・パラリンピックの開催期間中、特に開会式と閉会式が行われる日は、多くの大会関係者が移動するため、道路や鉄道の大幅な混雑が見込まれます。そこで、アスリート、観客等の円滑な輸送と、経済活動、市民生活の共存を図るため、祝日の移動を実施します。

交通の混雑緩和を主目的として三つの祝日―海の日、スポーツの日、山の日―が移動したのです。二〇二〇年のカレンダーの場合、移動した三つの祝日はしかるべく記載されました。しかし、二〇二一年の祝日移動は二〇二〇年の暮れに法律が国会を通ったため、カレンダーや手帳は、通常の祝日のまま流通していきます。したがって、七月と八月の月表は変更する必要が生じました。正しくは以下のとおりです。

海の日　七月一九日　↓　七月二二日（木）
スポーツの日　一〇月一一日　↓　七月二三日（金）
山の日　八月一一日　↓　八月八日（日）

そればかりではありません。山の日が日曜日となったため、振替休日が一日増えました。

振替休日　八月九日（月）

以上のように変更した上で、なお注意の必要が出現しました。それは、赤字等で示されている通常の祝日を、平日にしておくことです。つまり、カレンダーや手帳の七月一九日（月）、八月一一日（水）、一〇月一一日（月）は、平日に訂正する必要が生じたのです。

このような次第で、国民の祝日がない月は二年連続で六月と一〇月になりました。もちろん、二〇二二年は元通り、無祝日の月は六月オンリーに戻ります。

祝日の追加や移動は、カレンダー業界にはいつも頭痛の種です。カレンダーは二年がかりで作成するのが常です。国立天文台が二月一日に翌年の暦情報を発表しますが、印刷にかかるのは二年前の年末から年明け間もない頃がふつうで、四月では遅いくらいです。

二〇一九（平成三一、令和元）年のカレンダーでは改元が大問題でしたが、二〇二〇年のときは、オリパラにともなう祝日移動が懸案でした。それをようやく乗り切ったかと思いきや、コロナ禍でオリパラが一年延期となり、カレンダー上での祝日移動は対応不能に陥ったという次第です。とはいえ、全国カレンダー出版協同組合連合会はネット上で即座に「祝日変更のお知らせ」を掲載しましたし、内閣府やマスコミも広報や報道につとめていました。

第6章　異形のこよみ、美形のこよみ

異形《いぎょう》のこよみとは異界や冥界のこよみを指し、ここでは浦島伝説や平将門の例を引き合いに出します。美《び》形《けい》のこよみ、つまり美しいこよみとしてはアール・ヌーヴォーの旗手の一人、アルフォンス・ミュシャのカレンダーを解きほぐします。最後は月や太陽の象徴に満ちた祭りの造形物で締めくくります。

日本列島に暮らす住民にとって、火山は身近な存在です。何よりも、日本を象徴する山である富士山が活火山です。その南東に位置する伊豆諸島も、火山活動によってできた島々です。

一九八六年、伊豆大島の三原山が大噴火し、迫り来る溶岩を避けて島民全員が一ヵ月ほど島を離れて東京に避難しました。伊豆諸島の南に連なる小笠原諸島の島、西之島では近年噴火がつづき、島がどんどん大きくなっています。

北に目を向ければ、昭和一八（一九四三）年、北海道の大地に突然マグマが噴出し、標高約四〇〇mの昭和新山が出現しました。九州には阿蘇山が中央にそびえ、桜島はしょっちゅう噴煙を上げています。

火山列島とも称される日本列島ですが、火山は、意外にも暦と浅からぬ関係にありました。もちろん暦とは言っても、現在のカレンダーではありません。また、中国から伝来した暦とも無縁です。むしろ、それよりはるか以前から認識されていた一種の時間観・世界観・死生観とかかわっていました。

その一例は、佐賀県の吉野ヶ里《よしのがり》遺跡に関するものです。弥生時代の大型環濠集落として知られる遺跡ですが、一九八六年に発掘調査がおこなわれました。いまでは主要な建物が復元され、国の特別史跡にも指定され、観光名所に仲間入りしています。最近、その吉野ヶ里遺跡全体の中心軸線が、有明海をまたいで南方約六四km先の雲仙普賢岳に向いていることが注目されています。

雲仙普賢岳と言えば、四三人もの犠牲者をだした一九九一年六月三日の大火砕流や土石流を思い出しますが、約五〇万年前から火山活動がはじまったと言われています。他方、中心軸上の大型建物から見た西暦一五〇年における夏至の日の出の方位は、東北東に約三八kmへだたった屏山《へいさん》山頂の方向と一致する、という結果が得られています。そ

吉野ヶ里遺跡(佐賀県)

のことから、吉野ヶ里の環濠集落は、夏至の日の出方位と火山の方位とを重ねたのではないかと推測されているのです。

もうひとつの事例は、富士山です。静岡県側の富士山麓に築かれた前方後円墳である丸ヶ谷戸《まるがやと》遺跡は、一九八九年に発掘調査がおこなわれました。その墳丘軸線の先には富士山がそびえていました。その古墳は磁北からは四〇度もずれていることから、富士山に向かって築造されたことが明らかです。似たような例は、静岡県で三基、神奈川県で一基、埼玉県で三基あり、埼玉県の類例のなかには、埼《さき》玉稲荷山《たまいなりやま》古墳が含まれています。稲荷山古墳と言えば、鉄剣に干支の辛亥年やワカタケル大王（雄略天皇）の銘が刻まれていることでもよく知られています。また、稲荷山古墳の被葬者は船形木棺におさめられ、その舳先《へさき》は前方部、すなわち富士山に向いていました。そのことから、被葬者の魂は船に乗って富士山に向かうと観念されていたのではないか、と推定されています。

丸ヶ谷戸遺跡（静岡県）

火山は、人智を越えたパワーを感じさせる畏怖すべき存在です。実際、今から七三〇〇年前に鹿児島の南で大噴火が起こり、その火砕流によって南九州全域の縄文人が絶滅したという説があります。他方、太陽は人類に限りない恵みを与えてくれる崇拝の対象でした。そうしたことが相まって、火山は、現世のすまい（例 環濠集落）や来世のすみか（例 古墳）になにかしらの影響をあたえたにちがいありません。周囲の景観にあわせ、最適の世界観や死生観を選択することに古代人もこだわっていたのでしょう。

弥生時代の吉野ヶ里遺跡をはじめ、古墳時代の丸ヶ谷戸遺跡や稲荷山古墳は、そうした観念を解き明かす貴重な素材を提供しているように思われます。

【参考文献】

北條芳隆「古墳・火山・太陽」『第四紀研究』五六（三）、九七〜一一〇頁。二〇一七年。

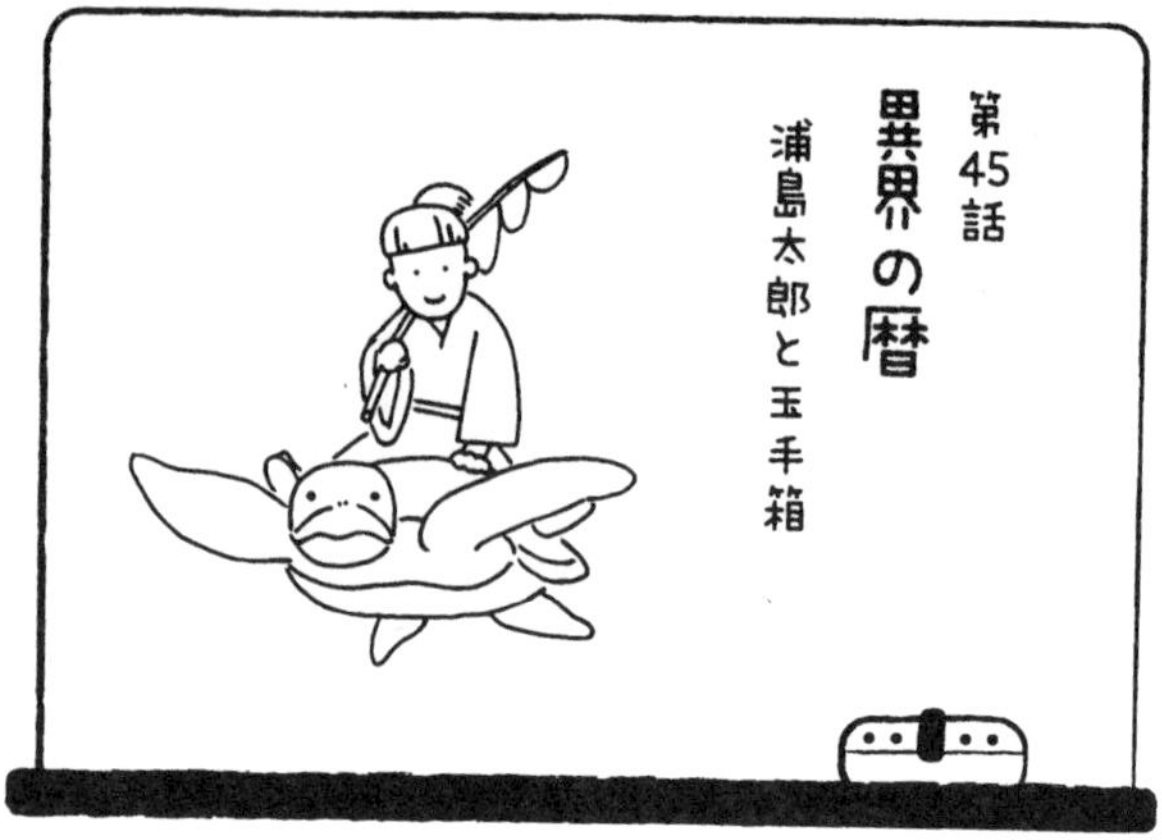

異界に足を踏み入れた人間がどれほどいるか知りませんが、神話や伝説の人物としては、イザナギや「おむすびころりん」のおじいさんがいます。イザナギは亡妻イザナミをもとめて黄泉《よみ》の国に行き、おむすびを追いかけて穴に落ちたおじいさんは、鼠の浄土を体験してきました。しかし、もっと有名なのは浦島太郎かもしれません。

浦島伝説は『日本書紀』や『万葉集』にもあり、船に乗って「常世《とこよ》」または「蓬莱《ほうらい》」を訪れています。そこには道教や神仙思想の影響が強くみられ、亀に乗って行ったり、竜宮城で暮らしたりはしていません。とはいえ、不老不死の蓬莱山が「亀の都」といわれたり、図像では蓬莱山が亀の背に乗っていたりしますので、亀

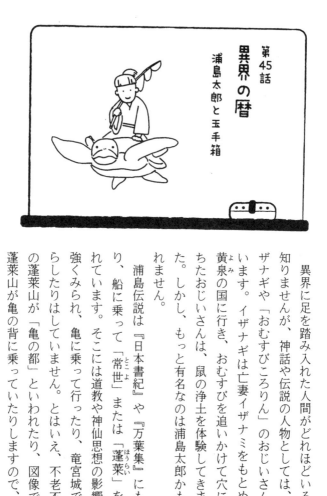

との深い関係があります。ところが、時代がくだって中世や近世初期の御伽草子《おとぎぞうし》になると、釣り上げた亀を海に返してやった翌日、美女を一人乗せた小舟が浦島のもとにきます。そして、故国に送ってほしいと助けを求め、不憫《ふびん》に思った浦島が一〇日をかけて送り届けるという物語に変わっています。さらに、江戸中期から明治になると、唱歌にあるように「助けた亀に連れられて竜宮城へ来てみれば」というように変化しました。

竜宮城は、ふつう唐様《からよう》の竜宮門でイメージされています。それも一七世紀の後半、和様《わよう》から変わったそうです。乙姫様もほんらい和様であったものが、そのころ中国風の服装になりました。浦島太郎という名前も、はじめは浦《うら》島子《しまのこ》でしたが、御伽草子のなかで浦島太郎に変わったようです。

玉手箱も例外ではありません。『万葉集』や『風土記』では玉匣《たまくしげ》とよばれていました。それは枕詞《まくらことば》としてもつかわれていました。玉手箱に変化したのは南北朝以降だそうです。玉は美称ですが、浦島が持ち帰った手箱とはどの

ようなものだったのでしょうか。これも多様なイメージがみられます。まず、蓋に七曜の模様が描かれているものがあります。七曜文といい、日・月と五つの惑星をあらわしたものです。竜宮で暮らした七〇〇年の歳月を「七曜」で暗示しているのでしょうか。波模様を描いた蓋もあり、こちらはいかにも海を象徴しています。箱の形状は、四角いものもあれば、長方形もあります。森鴎外は八角の箱を想像しました。材質は木箱が一般的ですが、編み上げの箱もあります。また漆塗りもあれば、ガラスか貝殻で飾ったものもみられます。金属の縁取りをしているものまであります。

いよいよ玉手箱を開ける段となりますが、煙が立ちのぼることは共通しています。この煙は、亀の口から吐きだされる息のような絵もあれば、巻貝の吐息とする絵もみられます。他方、御伽草子では、亀が煙を箱にたたんで入れたとしています。衣をたたむところからの発想ですが、ひょっとすると、伊勢暦のような折りたたむ暦と関連しているのかもしれません。いずれにしても、齢二四、五だった浦島太郎は一気に老翁になってしまいます。

乙姫様が三〇〇年の歳を玉手箱にしまっていたとする話もあれば、竜宮の三日はこの世の三年、竜宮の三年はこの世の三〇〇年とする説明もあります。一風変わったところでは、蓬莱から帰郷したら知る人もなく、三四〇年あまり経ていたとする錦絵の詞書《ことばがき》もあります。そうかとおもうと、『対馬民謡集』にはめでたいもののたとえとして、「鶴は千年、亀は万年、…浦島太郎は九〇〇〇歳…」という厄払いの歌があるそうです。

御伽草子では、亀が形見としてあたえた箱を開けてしまい、たちまち七〇〇歳にもなった浦島太郎は、鶴になって天空高く飛び上がり、後に丹波国に浦島の明神としてあらわれ、亀もおなじところにあらわれて、夫婦の明神なった、とハッピーエンドでおわっています。

【参考文献】

大島建彦（校注・訳）『御伽草子集』小学館、一九七四年。
林晃平『浦島伝説の展開』おうふう、二〇一八年。

第46話 冥界の暦

平将門と冥宮暦

新型コロナウィルスが猛威をふるい、緊急事態宣言も延長され、目下われわれは非日常の世界に身をおいています。外出もままならぬ自粛を強いられ、曜日の感覚すら失いがちです。対面的な活動が減り、逆にテレワークやオンライン会議が激増しています。このような状態も少しだけ出口が見えてきましたが、まだまだ静かな日々をすごしています。

　こんな時だからこそ、異常な時間の流れに身をまかせながら、現実とは異なる冥界や異界の暦に想いをはせてみるのも一興かもしれません。

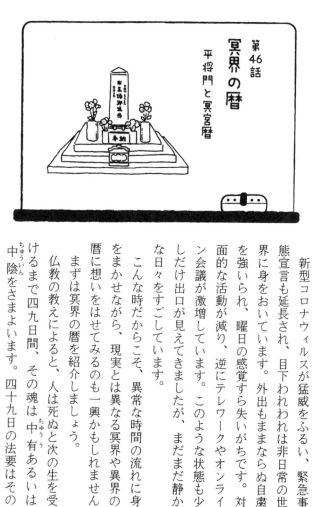

　まずは冥界の暦を紹介しましょう。

　仏教の教えによると、人は死ぬと次の生を受けるまで四九日間、その魂は中有《ちゅうう》あるいは中陰《ちゅういん》をさまよいます。四十九日の法要はその期間が終わったことを示す儀礼です。

しかし、異常な死をとげた人物の場合、そうはいかないことがあります。たとえば平安時代中期、東国で挙兵し「新皇《しんのう》」を名のった平将門《たいらのまさかど》は、反天皇の王権を樹立しました。しかし合戦の際、藤原秀郷《ふじわらのひでさと》の放った矢がこめかみに刺さり、非業の死をとげました（秀郷ではなく平貞盛《たいらのさだもり》とする文献もあります）。天慶三（九四〇）年二月一四日のことです。わずか六〇日ほどの天下でした。その首は京の都でさらされましたが、伝承によると東国に飛んで帰り、一説では大手町の首塚がそれを祀った場所とのことです。

『将門記《しょうもんき》』はいわゆる「将門の乱」を描いた軍記物ですが、その末尾に「冥界の消息」という将門の亡魂に関する短い記述があります。それによると、冥界には冥官暦という暦があって、この世の一二年が冥界の一年、一二ヵ月が一月、三〇日が一日とのことです。将門は生前に一つの善もおこなうことがなかったため、地獄で剣の林におかれたり、鉄囲いのなかで肝を焼かれたり、ひどい苦しみにあっています。しかし、生前に一部だけ書写した金光明経の功徳《くどく》によって、一ヵ月のうちに一時《いっとき》だけ休みが与えられています。また、冥官暦で七年あまり、この世の暦で九二年たつと、さしもの地獄の苦痛からも逃れることができると書いてあります。

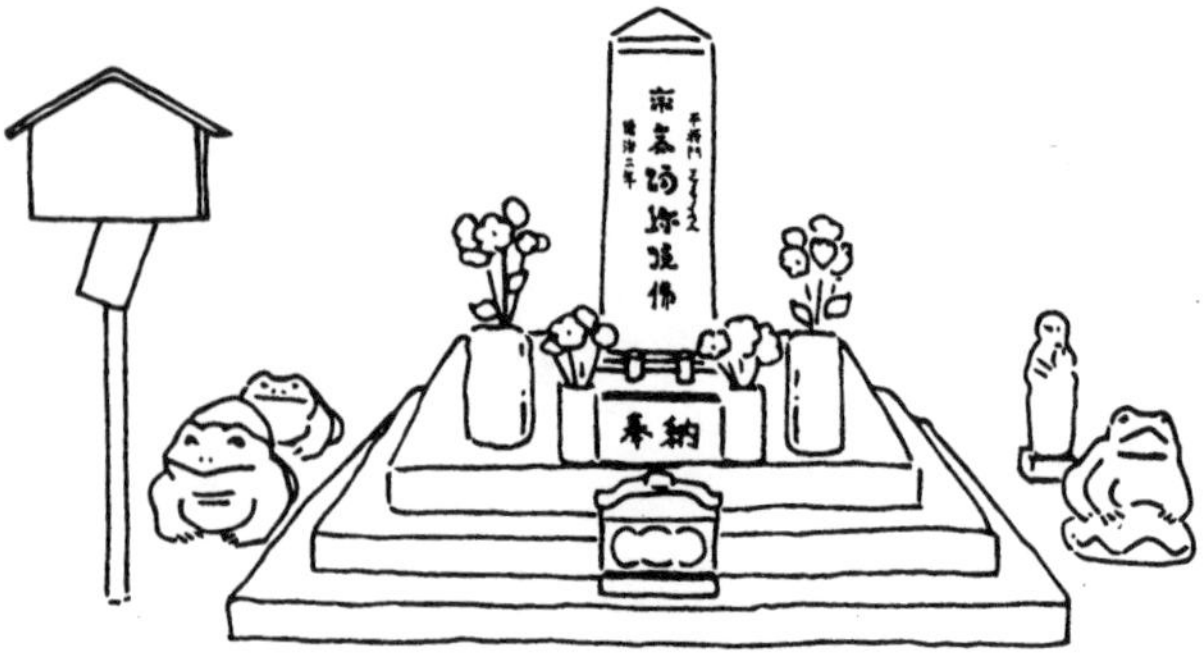

大手町の首塚

「冥界の消息」には「天慶三年六月中記文」という日付がついています。将門の死後四ヵ月にあたりますが、これを『将門記』全体の日付とみるか、「冥界の消息」を追記した日とみるか、意見の分かれるところです。また、「冥界の消息」にはさらなる加筆もあって、それも考慮しなくてはなりません。なぜなら、そこには地獄の苦しみは九二年ではなく九三年にわたると書かれているからです。

なぜ九二年や九三年なのでしょうか。『将門記』にその理由は書いてありません。将門の謀反は冥官暦でも七年あまりの重い罰に値するということですが、それはこの世の七回忌を想定してのことでしょうか。

他方、興味深い史実があります。将門のいとこの子である平忠常《たいらのただつね》が、長元四（一〇三一）年に房総地方で反乱を起こしています。これは将門の死から九二年目にあたります。数えでは九三年です。「冥界の消息」に加筆された部分は、「忠常の乱」から「将門の乱」をふりかえって記したと考えることもできます。
将門についてはその後もさまざまな伝説が生まれました。また山東京伝や滝沢馬琴の作品にもとりあげられました。歌舞伎や浄瑠璃、狂言の演目にもいろいろなかたちで登場しています。「冥界の消息」はそのはしりといっても過言ではありません。

【参考文献】

樋口州男『将門伝説の歴史』吉川弘文館、四七〜四九頁、二〇一五年。
宮田登『日和見―日本王権論の試み』平凡社、一二二頁、一九九二年。

第47話 ミュシャの黄道十二宮

アール・ヌーヴォーを代表するアーティストの一人であるアルフォンス・ミュシャ。その出世作は、フランスの大女優サラ・ベルナールに依頼された公演ポスター「ジスモンダ」です。

しかし、ミュシャの数ある女性画のなかでも、もっとも異彩を放つ作品といえば、リトグラフ（石版画）の「黄道十二宮」の右にでるものはないでしょう。横向きの女性は豪華なティアラを頭にかざり、流れるような長髪を前後にたなびかせています。胸元には首飾りがまばゆく輝いていて、エギゾチックな雰囲気を漂わせています。そしてイコン（東方正教の聖像画）の光背のようにその横顔を引き立てているのが、黄道十二宮のシンボル図です。

ミュシャの「黄道十二宮」には、上端と下端に横長の空白があります。そこに会社名と一年分のカレンダーを入れるようになっています。つまり、それは名入れカレンダーなのです。ですから、そのデザインとして黄道十二宮をもってきたのはきわめて適切であるし、それ以上に、イコンを想起させる抜群のセンスにも感嘆せざるをえません。

黄道十二宮を描いた絵画としてすぐに思い出すのは、『ベリー公のいとも豪華なる時祷書』です（『こよみの学校Ⅱ』第14話参照）。世界でもっとも美しい本と称されるその時祷書には、背中合わせの女性のまわりに黄道十二宮を配した絵もあります。とはいえ、ミュシャがそこから発想を得たとは思いません。なぜなら、黄道十二宮は西洋占星術では基本中の基本だからです。そのため西洋占星術も、それに使われる黄道十二宮も、英語ではホロスコープと呼ばれています。

黄道十二宮

ホロスコープは黄道、すなわち天球上における太陽の通り道を一二等分したもので、黄

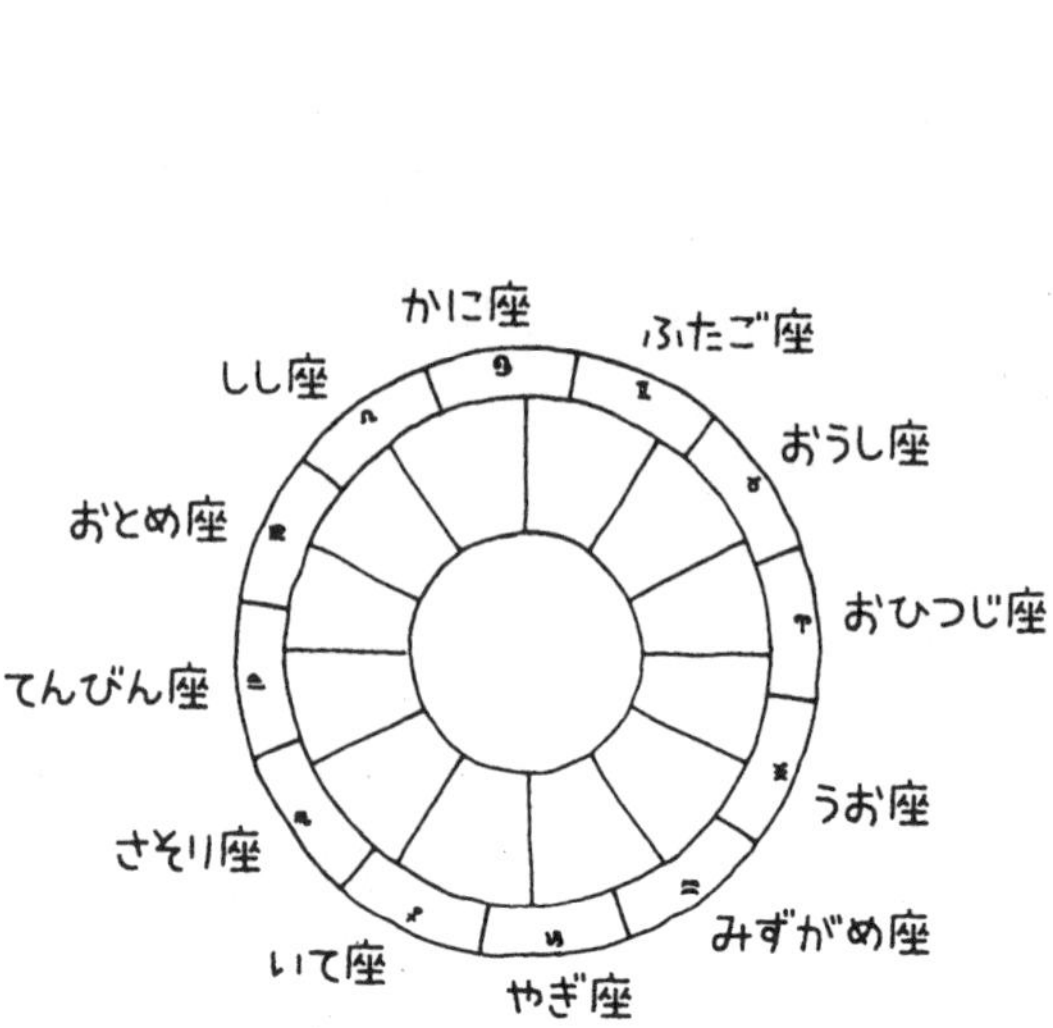

道帯、あるいは動物であらわされることが多いので、獣帯と呼ばれています。英語名のゾディアック（zodiac）は「動物の円盤」という意味です。春分からはじまるサイクルで、おひつじ座、おうし座、ふたご座、かに座、しし座、おとめ座、てんびん座、さそり座、いて座、やぎ座、みずがめ座、うお座と続きます。古代メソポタミアに起源し、地中海を経てギリシャやローマに伝わり、ギリシャからさらにヘレニズムの時代にインドに伝えられました（『こよみの学校Ⅲ』第6話参照）。

ミュシャの「黄道十二宮」には、女性の顔に隠れてうお座は描かれていませんし、おひつじ座も半分しか見えません。十二宮は、あくまでも女性を引き立たせる背景として描かれています。そのような脇役は、絵の四隅にも見出されます。上方には月桂樹が配され、下方には太陽と月が陣取っています。月桂樹は不滅のシンボルであり、太陽と月はそれぞれ昼と夜を表しています。そして太陽にはヒマワリ、月にはケシがあしらわれています。アール・ヌーヴォーのデザインには、動植物、とりわけ花や鳥などが好んで取り上げられました。

しかしながら、ミュシャの「黄道十二宮」でもっとも人目を引く主役は、頭飾りや胸飾りです。芸術表象論を専門とする鶴岡真弓氏は、ミュシャの作品は「装飾的」というより「宝飾的」であると評し、彼のことを「イメージのジュエラー」と形容しています。さらに「豪奢な宝冠のようなティアラとビザンチン風首飾りは、その横顔とともに、ナダールが撮影したサラの横向きのアップ写真を彷彿《ほうふつ》とさせる」と指摘しています。サラとはサラ・ベルナールのことであり、パリの写真家ナダールが撮影した彼女の横顔がモデルになっていることを示唆しています。そして結論部分では、チェコ出身のミュシャを「東方（オリエント）という外部から来た人間」と位置づけ、『「宝飾」という装身具に、『東方・オリエント』を絶妙に託した」人物として再評価しています。

ミュシャの作風には、ヨーロッパ人がいだくオリエント趣味やアール・ヌーヴォーの時代に先駆けておこったジャポニスム（日本趣味）の影響が陰に陽にみられます。多色刷り木版画の浮世絵も西洋のリトグラフも、大衆向けのアート作品であることが共通しています。また浮世絵のルーツには大小暦《だいしょうれき》があり（『こよみの学校』第13話参照）、のちに名入れの引札《ひきふだ》暦に継承されました。「黄道十二宮」も名入れカレンダーとして制作されたように、東西の共通点にも目を向ける必要がありそうです。

【参考文献】

鶴岡真弓「ミュシャ・ジュエリーの『東方(オリエント)』― サラ・ベルナール、ナダール、万博の「テオドラ」を原点に」『ユリイカ』（アルフォンス・ミュシャ―没後七〇年記念特集）青土社、一三一～一四六頁、二〇〇九年九月号。

〈展示情報〉

堺アルフォンス・ミュシャ館では「カランドリエ Calendrier― ミュシャと一二の月展」（二〇二一年三月二七日～七月二五日）が開催され、「黄道十二宮」をはじめ四季や一二の月に関するカレンダーが多数展示されました。

第48話 ミュシャの四季カレンダー

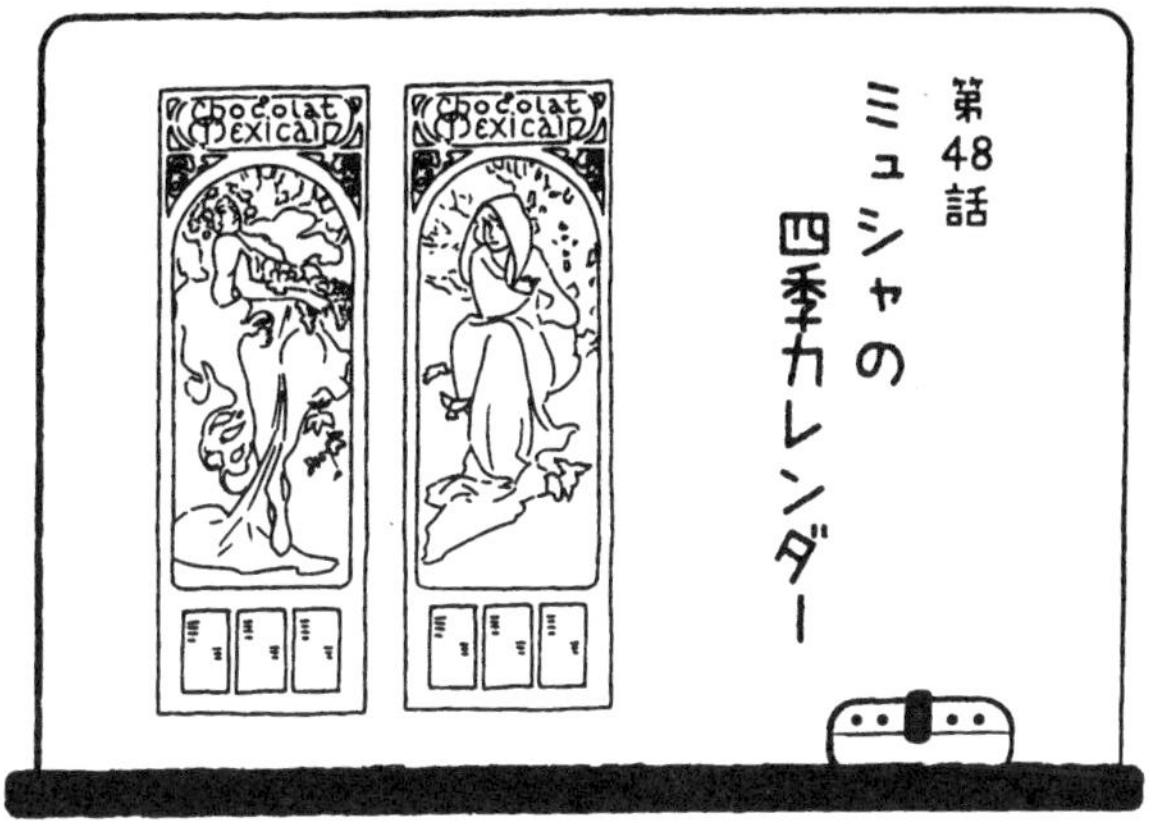

パリの人気女優サラ・ベルナールの公演ポスターで一躍表舞台に躍り出たミュシャには、さまざまな注文が舞い込むようになりました。ポスターや装飾パネルに混じって、広告宣伝のための名入れカレンダーもそのひとつです。代表作の「黄道十二宮」については、前話で（第47話）紹介しましたが、「季節（SAISONS）」もミュシャの人気作となりました。ふつう「四季」と翻訳されている作品群です。

　まず、マッソンというパリのチョコレート会社の注文に応じた、一八九七年のカレンダーをとりあげてみましょう。メキシカン・チョコレートを売り出すものです。そこでの四季は春夏秋冬の順ではなく、冬（一月から三月）からはじまり、春（四月から六月）、夏（七月から九

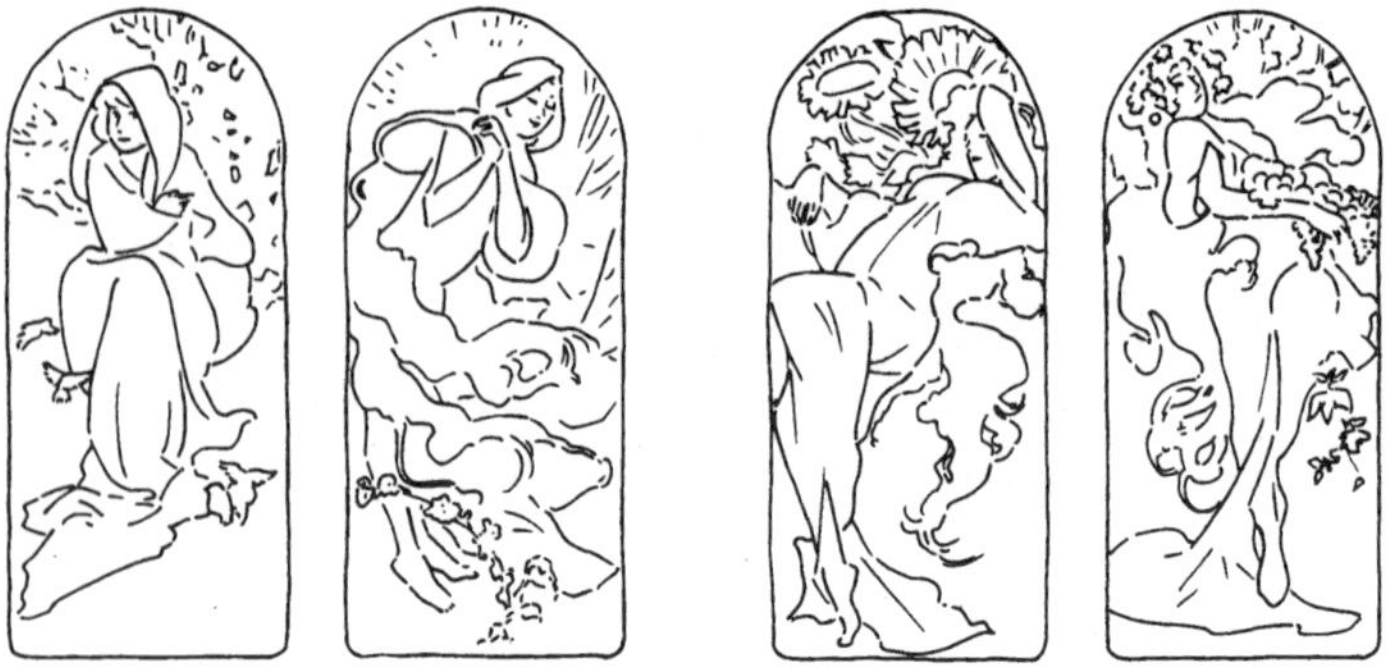

冬　春　夏　秋

1897年のカレンダー

月）を経て秋（一〇月から一二月）で終わります。カレンダーは一月はじまりなので、必然的に冬が最初になったのでしょう。ひるがえって、音楽で四季といえば、イタリアの作曲家ヴィヴァルディの協奏曲が思い浮かびます。その協奏曲が四季の名で知られるのは、四つの曲に春・夏・秋・冬の順番で題がついているからです。ですから、ヨーロッパにおいても、年のはじまりと季節の開始とはかならずしも一致するものではありません。

それはともかく、季節の「化身」のように描かれた女性たちは独特のポーズをとっています。冬の乙女は地味な防寒着に身をつつみ、寒さにこごえ、動きがありません。春の乙女は長い髪を春風にたなびかせ、腰をくの字に曲げて躍動的です。視線を落とし、両手を組み、あれもしたいこれもしたいと夢想しているかのようです。

夏の乙女はけだるそうにヒマワリのもとでまどろんでい

1898年のカレンダー　右：老年期、左：壮年期（部分図）

るのでしょうか。秋の乙女はブドウなどの果物を持ちきれないほどかかえ、魅惑的なまなざしを見る者に向けています。乙女たちの足元や背景には鳥や花があしらわれ、雪化粧や紅葉も季節感をただよわせています。

マッソン社の一八九八年のカレンダーは一転、季節の四季は人生の四季、すなわち幼年期、青年期、壮年期、老年期に変貌します。女性と男性がペアで描かれていますが、女性はつねに美しい乙女であるのに対し、男性は四つのライフ・コースをたどっています。

西欧人にはなじみの「人生の四つの階段」の絵に呼応しているかのようです。幼児は胸に抱かれ、青年は祈りのポーズをとっています。

問題は筋骨隆々の壮年男性です。褐色の肌をもち、左手には石斧をにぎっています。いかにもメキシコを意識したイメージですが、ミュシャが何をモデルにしたかは不明です。ただメキシコ北部には「ララムリ」を自称し、ワラーチというサンダルを履き、木製のボールを蹴りながら山中をかけめぐって健脚を競い合う高地住民がいます。そのサンダルを革紐で脚に結びつけているようにみえますが、よく見ると、サンダルではなく靴を履いています。他方、分けて編んだ頭髪を両胸まで垂らしている姿は、北米の先住民族アパッチを想起させます。また、アパッチの男性は首飾りなどの装飾品を身につけます。

さらに、ガラガラヘビやサボテンの棘から足を守るために、モカシンという靴を履き、革紐で脚に縛り付けます。しかし、アパッチの勇猛な男性にもっとも特徴的な羽根の頭飾りは描かれていません。実は、ララムリの身体的特徴や風習はアパッチなどと共通すると言われていますので、ミュシャのイメージは意外に的はずれではなかったかもしれません。壮年期の男性像は謎めいていますが、カカオの原産地のひとつ、メキシコを強く意識していたことはたしかです。そして最後の老齢期の男性は、白くて長いひげを生やし、うらやましいことに乙女にかしずかれています。

そのほかミュシャには、「三季」と称する一八九六年の横位置の作品があります。そこには秋が描かれていません。ミュシャは秋を嫌っていたふしがあり、意図的に欠落させたのでしょう。しかし、同年に描いた縦位置の装飾パネル「四季」もあり、そちらが翌年のカレンダーの注文につながったのかもしれません。

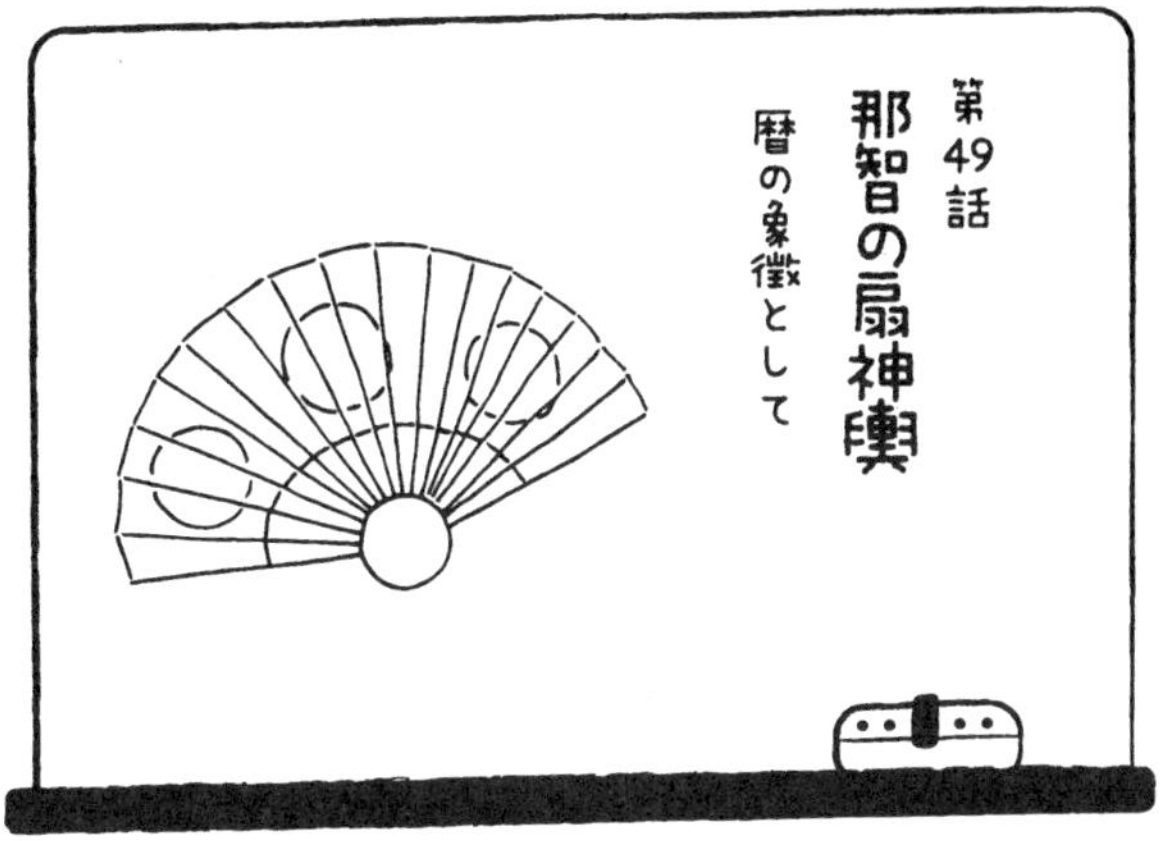

那智の火祭りは、熊野那智大社の例大祭です。今は曜日に関係なく、七月一四日が祭日と決まっています（古くは旧暦の六月一四日と一八日）。広く「火祭り」として知られていますが、かつては「扇祭り」と呼ばれていました。正式には扇会式《おうぎえしき》と称するそうです。というのも、扇神輿《おうぎしんよ》とよばれる高さ五ｍあまりの造形物が一二基、熊野那智大社から那智の滝に下りてゆくからです。

そのとき滝本からも一二本の大松明《おおたいまつ》が登ってきて、薄暗い石の階段の途中であたかも揉みあう格好となり、参拝客にとってはそこが最大の見どころとなっています。

扇神輿は那智の滝をあらわしたつくりものです。滝は絶壁から一三〇ｍ下の滝壺まで一直線

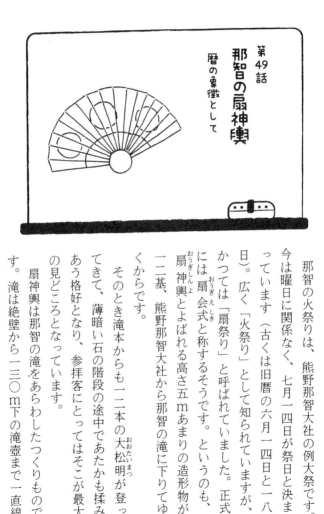

馬扇に先導され那智大社から那智の滝に向かう扇神輿

に落下していますが、途中で岩にあたり、左右二筋に分かれて砕け落ちるようにも見えます。つくりものはその滝の姿を模しているのです。

一二基あるのは、一年一二ヵ月を示すと同時に、熊野十二所権現をあらわすとも説かれています。熊野権現とは三山（本宮、新宮、那智）の祭神の総称ですが、一二ヵ所でまつられているところから、十二所権現という名称も使われています。権現というのは、インドの仏菩薩が日本では神として顕現したという教説にもとづく言いかたです。要するに、熊野修験道では神仏習合がすすんでいて、神々の本地仏《ほんじぶつ》であるところの仏菩薩も、千手観音、薬師如来、阿弥陀如来という具合に、一二組対応しているのです。

扇神輿はさらに深く暦と関係しています。一基の扇神輿は杉の木枠に赤の緞子《どんす》を張り、三二個の金地日の丸扇を使って造形します。中央の枠の先端には「光」と呼ばれる太陽の象徴が、基底部には半開きの扇が二本取り付けられます。後者は上弦と下弦の月を象徴するものです。この二本をのぞくと三〇本の扇となり、一ヵ月の日数を示すとも言われています。

一二基の扇神輿には十二支も配当されていて、第一扇が午《うま》となるように、たとえば第七扇を子《ね》、第十二扇を巳《み》としています。なぜなら、那智の滝を正南にとり、方位としての午にあたるようにしているからです。実際、十二基が隊列を組んで滝本に降りていくとき、午の第一扇が先頭に立ちます。

扇神輿の赤い緞子を木枠に固定するとき、縁松《へりまつ》という長短の板木が使われます。長いほうは二尺三寸、短いほうは一尺三寸です。その両端に大小の波状の削りかけをつくるのですが、平年だと一二、閏月のある年だと一三となります。旧暦の閏年には一三基の扇神輿を用意するのではなく、こんな人目につかないところで一三ヵ月を表象しているのです。

また、縁松を固定するときには竹釘を使いますが、その数は一基につき三六〇本と決められています。一太陽年に近い数です。また、日の丸扇は一基につき三二本ですから、一二基だと三八四本となります。これは閏年の一年に近い日数です。このような数字が暦にちなんで意図的に決められたのかどうかわかりませんが、興味をひきます。

滝本に立てられた扇御輿

扇の造形はまだあります。扇神輿の基底部には、植物で檜扇《ひおうぎ》という俗称をもつアヤメの葉が四本取り付けられます。一二基の扇神輿を先導する馬扇もまた、扇形をしています。さらに、滝本で扇神輿を一基ずつ清める「扇ほめの式」では、烏帽子をかぶった神職が打松《うちまつ》という削りかけの造形物を使います。これも扇形をしています。なぜこれほどまでに扇の象徴が溢れているのでしょうか。

ひとつには、扇は末広がりという縁起の良いものだからでしょう。他方で、風を起こすという意味も込められています。その風によって、災難、害毒、毒虫を吹き飛ばす霊能があるとされているからです。祭りが終わると扇神輿はただちに解体されますが、「光」や縁松の部分をつかって虫除け、厄除けの護符をつくり、かつては水田の水口《みなくち》に立てていました。いまでは神棚に祀っているそうです。このように、那智の火祭りは扇で風を起こし、災厄をはらい、稲作の豊穣を祈願する夏祭りの性格が強いと言えるかもしれません。

【参考文献】

『那智叢書　第八巻　扇神輿組立法』熊野那智大社、一九六六年。
中牧弘允「火と水と扇と人が演じる風雅　那智の扇祭り」『自然と文化』春季号、観光資源保護財団、三三一～三六頁、一九八〇年。

【付】『こよみの学校』既刊書目次

『ひろちか先生に学ぶこよみの学校』

第1章　こよみのしくみ
第1話　二月は逃げる
第2話　クレオパトラの鼻がもう少し低かったら…
第3話　シリウスとスバル―大所高所からこの身を照らせよ
第4話　曜日のかずかず―基数、序数、日月、星辰、神々
第5話　月名のかずかず―基数、序数、神名、人名、星座、季節
第6話　暦と時計―時間を示す二つのツール
第2章　旧暦・日本の暦
第7話　立春の無い年（無春年）は結婚に凶
第8話　冬至―冬来たりなば春遠からじ
第9話　旧暦二〇三三年問題―置閏法の盲点をめぐって
第10話　おばけ暦―庶民のささやかな異議申し立て
第11話　雪形―春の農事暦の花形
第12話　アイヌの暦―トエタンネから始まる一年
第13話　浮世絵のルーツは大小暦―実用から趣味へ
第3章　古代の暦・世界の暦
第14話　ネブラ天穹盤―天穹は天球に通ず
第15話　ロマンチックな夏至の行事―円環から円満まで
第16話　ラマダーン―空腹とつきあう月
第17話　イスラーム暦―日没からボツボツ始まる一日
第18話　聖遷の年を紀元とするヒジュラ暦
第19話　秋分から一年が始まるフランス革命暦
第20話　天地創造を紀元とするユダヤ暦
第21話　古代エジプト太陽暦の伝統をひくコプト暦とエチオピア暦
第22話　インカの暦―紀年法とは無縁の「サミット・カレンダー」
第23話　アメリカ先住民のホライズン・カレンダー
第24話　春耕秋収を記して年紀となす―古(いにしえ)のホライズン・カレンダー
第25話　環状列石と巨大列柱―縄文時代のホライズン・カレンダー
第4章　年と季節にちなむ慣習と伝統

第26話　スプリング・フォワードからフォール・バックまでのサマータイム
第27話　誤差も積もれば山となるイースターの怪
第28話　春雨も所変われば品変わる
第29話　メーデーとかけてメイポールと解く　その心は「つりあげ」
第30話　大正月―大真面目に西暦で祝う国、日本
第31話　小正月―年のはじめの満月
第32話　旧正月は春節の別名―Chinese New Year とも
第33話　移動祝日のカーニバル―斎戒の前の飽食
第34話　東大寺の修二会―別名、お水取り
第35話　ノウルーズ―春分が元日のイラン太陽暦
第36話　清明節―人も動物も動き始める時節
第37話　穀雨と蕨梅雨―慈雨のあれこれ
第38話　フェスタ・ジュニーナ―六月のお祭り騒ぎ in ブラジル
第39話　夏祭りのシーズン―祇園祭と天神祭
第40話　縁日の撰日―伝統宗教と新宗教
第41話　体育の日―世界に類例のない国民の祝日
第42話　ハロウィン―万聖節・万霊節の先駆け
第5章　ユニークなカレンダー
第43話　フランスの教会暦とワイン暦
第44話　ドイツのビール暦―ミヒャエリからゲオルギまで
第45話　アドベントカレンダー―もういくつ寝るとクリスマス
第46話　上海の月份牌―カレンダーからポスターへ
第47話　インド・ポピュラー・アートのカレンダー
第48話　カレンダーの日―伝統の創造

『ひろちか先生に学ぶこよみの学校Ⅱ』
第1章　こよみのしくみ
第1話　数え年と満年齢―仏紀のちがいもしかり
第2話　十二支の申―猿文化の古今東西
第3話　十干の丙―「ひのえ」のいわれ
第4話　六曜の功罪―顕在的機能と潜在的機能
第5話　インドネシアの「五曜」―市の日にかかわ

る循環
第6話　月齢の記号―4個が主流
第2章　旧暦・日本の暦
第7話　日和見と日知り
第8話　三嶋暦―京暦に次ぐ古い伝統
第9話　渋川春海と麻田剛立―江戸前・中期の天文学者
第10話　間重富と高橋至時―寛政暦を作った大坂人
第11話　間重富関係資料が重要文化財に
第12話　田中久重の万年時計
第3章　こよみとアート
第13話　日本の四季絵・月次絵―四季耕作図への展開
第14話　西欧の月暦画―暦と絵画の組み合わせ
第15話　浮世絵に描かれた伊勢暦―女弁慶と山海愛度図会
第16話　海を渡った浮世絵カレンダー―横浜の川俣絹布製錬
第17話　イギリスの四季絵・月次絵―ケイト・グリーナウェイのカレンダー
第18話　化粧品会社の美容暦―暦と絵画の組み合わせ
第19話　西洋絵画をひろめた壁掛けカレンダー―旗手はルノアール
第20話　アンデスの月次絵―ペルーのレタブロ暦
第4章　年(とし)と季節にちなむ慣習と伝統
第21話　オランダ正月
第22話　台湾の元宵節―台湾燈節と十份天燈
第23話　バレンタインデー―繁殖力の復活
第24話　サツキとメイ―日付や曜日に由来する命名
第25話　母の日から生まれた父の日
第26話　入梅と半夏生―梅雨時の雑節
第27話　和菓子の水無月―暑気払いと厄除け
第28話　夏至の食べ物―和食レストラン「こよみ」を訪ねて
第29話　海の日と山の日
第30話　山の日のルーツ―国際山岳年と地球サミット
第31話　二一〇日と二二〇日―野分の季節
第32話　七五三―明治以降に創られた伝統
第33話　薮入りとお仕着せ

第34話　「こよみ」を名乗る美容室やレストラン
第5章　ユニークなカレンダー
第35話　現存する世界最古の暦
第36話　現存する日本最古の暦
第37話　南部の絵暦—絵文字と記号の組み合わせ
第38話　沖縄の砂川暦—干支や日の吉凶を記号に
第39話　台湾原住民族の絵暦—ブヌンの祭事暦
第40話　中国彝族の古暦—1年を10ヵ月／18ヵ月とする太陽暦
第41話　スマトラのバタク暦—サソリが厄日のしるし
第42話　カメルーンの暦—焼畑農耕民の季節観
第43話　雪国カレンダー
第44話　4月始まりのカレンダー
第45話　一〇〇年カレンダー—日々これ累積なり
第46話　一ヵ月分の日めくりカレンダー—反復は力なり
第47話　暦文協オリジナル・カレンダー—地球時代に必須のアイテム
第48話　こよみの明るい末路—破棄・再利用・保存

『ひろちか先生に学ぶこよみの学校Ⅲ』

第1章　こよみにみる世界のとき（時）
第1話　アステカの「暦石」5つの時代の太陽
第2話　循環するマヤ暦　260日暦と365日暦
第3話　直進するマヤ暦　暦元と長期暦
第4話　「晦日おわり」と「満月おわり」の一ヵ月　白分と黒分の妙
第5話　ヒンドゥー暦のひと月は30日　余日と欠日の怪
第6話　インドの「年」は恒星年　太陰月と太陽月の差
第7話　インドの占星術　ギリシャ由来のホロスコープ
第8話　七夕　時代を越え海を越えて広がった中国の風習
第9話　エイプリルフール　季節の境目の混沌と再生
第10話　八月は厄月!?
第11話　13日の金曜日
第12話　元嘉暦　古墳時代を終息させた（!?）中国のこよみ
第13話　宿曜経　インドの密教占星術
第2章　季節の訪れをめでる

第14話　桜の花暦と歳時記
第15話　旬をめぐって　中国伝来か?日本固有か?
第16話　土用の丑の日　二〇一七年は二度もある!
第17話　花鳥風月とこよみ　風の巻き返し
第18話　花鳥風月とこよみ　宇宙のリズムを体現する鳥暦
第19話　花鳥風月とこよみ　趣味の世界の名月
第20話　花鳥風月とこよみ　古今南北の花暦
第21話　三月三日　雛祭りと浜下り
第22話　彼岸は日願に通ず!?
第23話　八朔　悲喜こもごもの節日
第3章　国際化のなかのこよみ
第24話　海を渡ったちりめん本のカレンダー
第25話　国際標準化機構（ISO）の日付　そのメリット、デメリット
第26話　在日外国人向けカレンダー①　ことはじめ
第27話　在日外国人向けカレンダー②　ブラジル人
第28話　在日外国人向けカレンダー③　フィリピン人
第29話　在日外国人向けカレンダー④　コリアン
第30話　在日外国人向けカレンダー⑤　華僑華人
第31話　在日外国人向けカレンダー⑥　ムスリム
第4章　いまのカレンダーいろいろ
第32話　多言語のごみ収集カレンダー
第33話　日曜日はじまりと月曜日はじまり
第34話　土日の色はいろいろ
第35話　カーリング娘の卓上カレンダー
第36話　点字カレンダー
第37話　手話カレンダー
第5章　わが国の古典とこよみ
第38話　古典を読む1　井原西鶴『世間胸算用』
第39話　古典を読む2　鈴木牧之『北越雪譜』初編
第40話　古典を読む3　鈴木牧之『北越雪譜』二編
第41話　古典を読む4　枕草子（上）
第42話　古典を読む5　枕草子（下）
第43話　御堂関白記　具注暦の日記
第6章　わが国の紀年法とこよみ
第44話　年号と元号　微妙なちがいも
第45話　神武天皇即位紀元の皇紀
第46話　紀元二千六百年
第47話　明治一五〇年

あとがき

（株）新日本カレンダーのホームページに「暦生活」という欄があり、「ひろちか先生に学ぶ こよみの学校」はそこの「特集」のなかに納められています。月二回のペースは基本的に維持されていて、今後も継続していく旨は「まえがき」でも述べたとおりです。

こよみの話題が尽きないのは、それが日常生活とつながっているだけでなく、世界のシステムとも連動しているからにほかなりません。こよみがなければ約束の日にちが決められないだけでなく、社会生活や宗教行事が成り立ちません。役所が行政文書を出すことも、支配者が歴史を残すこともできません。こよみは人類のあゆみとともにあり、人びとの行動を方向づけてきました。言い換えれば、こよみを通して人間が築いてきた歴史や文化、文明をさぐることができるのです。だからこそ、こよみのトピックは途絶えることがないのです。

今回もつくばね舎の谷田部隆博社主に章立てをおねがいし、若干の修正を加えることで目次を完成させました。外部の眼がはいるほうが読者には理解しやすくなると思うからです。表紙とイラストは新日本カレンダーに提供していただき、写真も断りのない限り筆者が用意しました。

　四冊目の刊行においても新日本カレンダーの宮崎安弘社長をはじめ、「暦生活」担当の清水理紗さんと細川隆太さんにはたいへんお世話になりました。また、日本カレンダー暦文化振興協会の会員である須賀隆氏と石原幸男氏に懇切丁寧なチェックをしていただきました。両氏のおかげでこよみ関連の記述に正確性を増すことができました。誠にありがたいことです。

　最後に、二年おきの出版をいやな顔ひとつせず引き受けていただいている畏友の谷田部社主にあらためて感謝の意を表したいと思います。

二〇二一年（令和三年）一〇月

中牧弘允

筆者紹介
中牧弘允（なかまきひろちか）
1947年、長野県生まれ。埼玉大学教養学部卒業、東京大学大学院人文科学研究科博士課程修了。文学博士。国立民族学博物館名誉教授、総合研究大学院大学名誉教授、英国王立人類学協会名誉フェロー、吹田市立博物館特別館長。宗教人類学、経営人類学、ブラジル研究、カレンダー研究などに従事。
日本カレンダー暦文化振興協会理事長。カレンダーの収集と研究は1992年のインドネシア調査にはじまり、国立民族学博物館特別展示「越境する民族文化」（1999年度）の「暦コーナー」を担当。
著書に『日本宗教と日系宗教の研究―日本、アメリカ、ブラジル』（刀水書房、1989）、*Japanese Religions at Home and Abroad*（RoutledgeCurzon, 2003）、『会社のカミ・ホトケ』（講談社、2006）、『カレンダーから世界を見る』（白水社、2008）（第55回青少年読書感想文全国コンクール課題図書、2009）、『世界をよみとく「暦」の不思議』（イースト・プレス、2019年1月）など。2015年12月に『ひろちか先生に学ぶこよみの学校』、2017年8月に『ひろちか先生に学ぶこよみの学校Ⅱ』、2019年８月に『ひろちか先生に学ぶこよみの学校Ⅲ』をつくばね舎から刊行。
編著に『世界の暦文化事典』（丸善出版、2017）。

装幀・デザイン　清水理紗（新日本カレンダー株式会社）
装幀・イラスト　細川隆太（新日本カレンダー株式会社）

ひろちか先生に学ぶ **こよみの学校Ⅳ**

2021年12月5日　初版発行

発行所　**株式会社つくばね舎**
〒277-0863　千葉県柏市豊四季379-7
TEL・Fax04-7144-3489
Eメール　tukubanesya@tbz. t-com. ne. jp

発売所　**地歴社**
〒113-0034　東京都文京区湯島2-32-6
TEL 03-5688-6866　Fax 03-5688-6867
印刷・製本　モリモト印刷株式会社

ISBN978-4-924836-87-7